PROGRAMMAZIONE AVANZATA

:

SINERGIE TRA PYTHON E C

TECNICHE PER SOLUZIONI SOFTWARE
EFFICIENTI E INNOVATIVE

CRISTIAN TESCONI

Copyright © 2024 di Cristian Tesconi

Tutti i diritti riservati.

Nessuna parte di questo libro può essere riprodotta in qualsiasi forma senza il permesso scritto dell'editore o dell'autore, ad eccezione di quanto consentito dalla legge sul copyright italiana.

Autore

L'autore di questo libro è un Ingegnere Robotico e dell'Automazione con una vasta esperienza nel settore automobilistico, dove ha ricoperto una varietà di ruoli che gli hanno fornito una conoscenza approfondita e una vasta competenza nel campo.

Durante la sua carriera, egli ha lavorato allo sviluppo di algoritmi per la guida autonoma, ha sperimentato soluzioni innovative e ha collaborato con team multidisciplinari per creare sistemi avanzati e sicuri.

Inoltre, l'autore ha acquisito una solida esperienza nello sviluppo di applicazioni embedded nell'ambito della telematica. Ha lavorato su progetti che coinvolgono la comunicazione tra veicoli, la gestione dei dati e l'interfacciamento con sistemi esterni. La sua competenza in questo campo lo ha reso consapevole delle sfide e delle opportunità offerte dalla connettività e dalla digitalizzazione nell'industria automobilistica.

Un'altra area di specializzazione riguarda la simulazione di sistemi multi fisici. Ha sviluppato applicazioni desktop che consentono la modellazione e la simulazione di sistemi, integrando diverse discipline ingegneristiche. La sua esperienza in questo campo lo ha portato a comprendere l'importanza dell'accuratezza e dell'efficienza nella progettazione e nella valutazione di sistemi complessi.

L'autore ha anche contribuito in modo significativo allo sviluppo di soluzioni automatizzate. Ha applicato la sua conoscenza della programmazione e dell'automazione per semplificare processi complessi e migliorare l'efficienza operativa. Ha sviluppato strumenti personalizzati e ha collaborato con team per implementare soluzioni automatizzate in diversi contesti.

Con la combinazione della sua vasta esperienza nel settore automotive, la conoscenza approfondita della programmazione e l'esperienza pratica nello sviluppo di soluzioni sofisticate, l'autore si impegna a condividere le sue conoscenze e competenze attraverso questo libro. La sua passione per la programmazione e il desiderio di aiutare gli altri nello sviluppo delle loro abilità lo hanno spinto a creare una risorsa completa che guiderà il lettore nella comprensione delle tecniche di integrazione di due dei linguaggi più diffusi e utilizzati, quali il linguaggio C e Python, fornendo esempi pratici e approfondimenti tecnici.

L'autore spera che questo libro sia uno strumento prezioso per gli appassionati di programmazione, studenti, professionisti e chiunque sia interessato ad approfondire le proprie competenze nel campo della programmazione.

Prefazione

Benvenuti nel mondo dell'interazione tra C e Python. Questo libro, "L'Arte della Programmazione: Sinergie tra C e Python - Tecniche per Soluzioni Software Efficienti e Innovative", rappresenta una guida essenziale per chiunque voglia esplorare le interazioni avanzate tra i linguaggi di programmazione C e Python, entrambi strumenti potentissimi che, se combinati sapientemente, possono rivoluzionare il modo di approcciare la creazione di software.

C e Python sono linguaggi molto diversi tra loro, ciascuno con i propri punti di forza. Il linguaggio C è noto per la sua velocità e precisione a livello di sistema, rendendolo indispensabile in contesti dove il controllo delle risorse è cruciale. Python, con la sua sintassi chiara e la vasta gamma di librerie disponibili, è estremamente efficace per prototipazione rapida e sviluppo in domini ad alto livello come l'intelligenza artificiale e l'analisi dei dati. L'integrazione tra questi due linguaggi apre possibilità incredibili, permettendo di combinare efficienza computazionale e facilità di uso in un unico potente toolkit.

Questo libro si concentra esclusivamente sull'interazione tra C e Python, esplorando le tecniche per utilizzare Python come strumento di automazione all'interno di applicazioni C e per migliorare le prestazioni delle applicazioni Python attraverso estensioni C. Attraverso una serie di esempi pratici e case studies, dimostrerò come potrai sfruttare questi due linguaggi per creare soluzioni software non solo funzionali ma straordinariamente efficienti.

Partirò dall'introduzione di base su come configurare l'ambiente di sviluppo per entrambi i linguaggi, per poi passare a discutere metodi di interoperabilità come l'uso di CFFI (C Foreign Function Interface), Ctypes e SWIG. Vedrai come è possibile estendere Python con moduli scritti in C per superare i suoi limiti di performance, e come eseguire script Python da un contesto C per sfruttare la sua versatilità e le sue potenti librerie.

Questo libro non è un'introduzione ai fondamenti di C o Python, né una guida alla scrittura di codice pulito o al refactoring. Il mio obiettivo è piuttosto quello di equipaggiare il lettore che ha già una conoscenza di base di questi linguaggi con le competenze necessarie per integrarli efficacemente. Gli esempi forniti sono pensati per essere immediatamente applicabili a progetti reali, consentendo al lettore di vedere rapidamente i benefici dell'integrazione di C e Python nei propri lavori.

"L'Arte della Programmazione: Sinergie tra C e Python" è un compagno essenziale per coloro che aspirano a elevarsi sopra la norma della programmazione quotidiana, cercando soluzioni che siano al contempo innovative ed efficienti. È il momento di spingere oltre i confini del possibile nell'ingegneria del software, unendo la robustezza di C con l'agilità di Python per affrontare alcune delle sfide più complesse del mondo della tecnologia.

Ti invito ad immergerti in queste pagine con mente aperta e spirito di iniziativa. Lasciati guidare dalla curiosità e dall'ambizione di costruire qualcosa di veramente eccezionale. Buona lettura e buona programmazione!

Cosa copre questo libro

Questo libro è una guida completa e dettagliata per integrare i linguaggi di programmazione C e Python. È progettato per programmatori di tutti i livelli che desiderano esplorare le potenzialità e le sinergie tra questi due linguaggi. Attraverso un approccio sia teorico che pratico, il libro fornisce esempi concreti e approfondimenti tecnici. Ecco una panoramica dei capitoli inclusi:

CAPITOLO 1: INTRODUZIONE

In questo capitolo introduttivo, esploreremo l'importanza delle librerie dinamiche e le tecniche di interazione tra Python e C. Verranno discussi gli strumenti necessari per l'integrazione e verranno fornite note utili per il lettore.

CAPITOLO 2: GLI STAGE DI COMPILAZIONE DI CODICE C

In questo capitolo esamineremo il processo di compilazione del codice C, suddiviso in preprocessamento, compilazione, assemblaggio e collegamento (linking). Ogni fase sarà descritta in dettaglio con esempi pratici per chiarire il processo.

CAPITOLO 3: DISTRIBUZIONE DI PACCHETTI PYTHON CON SETUPTOOLS

In questo capitolo impareremo a utilizzare setuptools per la distribuzione di pacchetti Python. Questo capitolo copre l'installazione, la configurazione del file setup.py, la gestione delle dipendenze e la distribuzione del pacchetto, con un esempio pratico di progetto.

CAPITOLO 4: UTILIZZO DELLE API PYTHON IN C

In questo capitolo scopriremo come eseguire uno script Python da codice C utilizzando le API Python, come chiamare funzioni e oggetti Python da C, e vedremo esempi pratici per comprendere meglio queste tecniche.

CAPITOLO 5: LIBRERIA CTYPES

Questo capitolo esplora la libreria ctypes, utilizzata per chiamare funzioni C da Python. Vedremo come utilizzare ctypes per lavorare con strutture C e gestire funzioni di callback, e affronteremo anche tecniche di debug specifiche per progetti ctypes.

CAPITOLO 6: LIBRERIA CFFI

In questo capitolo vedremo i vantaggi della libreria CFFI rispetto a ctypes, come installarla e utilizzarla in modalità ABI e API. Impareremo a lavorare con strutture, puntatori e array in CFFI, con numerosi esempi pratici.

CAPITOLO 7: SWIG

Questo capitolo è dedicato a SWIG (Simplified Wrapper and Interface Generator), uno strumento che facilita la comunicazione tra un linguaggio di scripting e C. Esploreremo come installare e utilizzare SWIG per creare wrapper per moduli di estensione Python, con esempi dettagliati e completi.

CAPITOLO 8: PROGETTO FINALE

Nel capitolo finale, metteremo in pratica tutto ciò che abbiamo appreso attraverso la progettazione e lo sviluppo di un progetto completo. Saranno inclusi file sorgenti, spiegazioni dettagliate e script per la generazione dei wrapper utilizzando CFFI, ctypes e SWIG.

Accesso al codice sorgente tramite QR Code

Nel contesto di questo libro, ho adottato un approccio innovativo per facilitare l'accesso al codice sorgente discusso e illustrato in ogni capitolo. Per rendere questa esperienza più immediata e accessibile, fornisco un QR Code dedicato che ti consentirà di accedere direttamente al repository contenente il codice sorgente correlato. Scansionando il QR Code con la tua fotocamera o un'apposita applicazione, sarai in grado di esplorare in dettaglio il codice menzionato nel testo, facilitando così il tuo apprendimento e consentendoti di sperimentare le varie implementazioni direttamente sul tuo PC. Segui attentamente le istruzioni fornite di seguito per accedere rapidamente alla risorsa condivisa.

- **Scansiona il QR Code:**

Scansiona il QR code utilizzando la fotocamera del tuo dispositivo o un'app per la lettura dei codici QR.

- **Richiedi l'Accesso:**

Una volta scansionato il QR code, verrai reindirizzato a una cartella condivisa contenente il codice sorgente descritto dettagliatamente in ogni capitolo.

Nel caso sia richiesto l'accesso, clicca su "Richiedi accesso" e provvederò a fornire le necessarie autorizzazioni.

- **Esplora il Codice:**

Dopo aver ottenuto l'accesso, sentiti libero di esplorare il codice sorgente associato ad ogni esempio e concetto discusso nel libro.

Scarica i files, modifica il codice e sperimenta con esso per approfondire la tua comprensione.

Restiamo in contatto

Mi piacerebbe rimanere in contatto con te mentre continui il tuo percorso di apprendimento. Che tu abbia domande, feedback o semplicemente desideri condividere i tuoi progressi, ci sono diversi modi per metterti in contatto con me:

- **Email**: non esitare a contattarmi via email all'indirizzo geeky.teck.gt@gmail.com. Apprezzo il tuo contributo e farò del mio meglio per rispondere alle tue domande e offrire assistenza.

- **Recensioni del libro**: se hai trovato il libro utile e informativo, ti invito a lasciare una recensione su Amazon. Il tuo feedback sincero può aiutare altri lettori a scoprire e beneficiare di questa risorsa.

Apprezzo sinceramente il tuo supporto: il tuo contributo e il tuo coinvolgimento sono preziosi per me mentre cerco di migliorare e offrirti materiale di apprendimento pertinente ed efficace.

Sommario

CAPITOLO 1 - INTRODUZIONE — 1

L'IMPORTANZA DELLE LIBRERIE DINAMICHE — 2
TECNICHE DI INTERAZIONE TRA PYTHON E C — 3
STRUMENTI NECESSARI PER L'INTERAZIONE C - PYTHON — 4
IL COMPILATORE — 4
IL GCC — 4
MINGW E MSYS: CONTENUTI E UTILIZZO — 6
MinGW: Il Cuore della Compilazione su Windows — 6
MSYS: Il Ponte tra Unix-like e Windows — 7
ALTERNATIVE TOOLCHAIN PER LO SVILUPPO IN C — 8
INTERPRETE PYTHON — 10
AMBIENTI DI SVILUPPO INTEGRATI (IDE) — 10
CONSIGLI PER LA CONFIGURAZIONE — 11
APPROCCIO TEORICO E PRATICO — 11
NOTE PER IL LETTORE — 12

CAPITOLO 2 - GLI STAGE DI COMPILAZIONE DEL CODICE C — 15

PREPROCESSAMENTO — 16
FUNZIONALITÀ PRINCIPALI DEL PREPROCESSORE — 17
PROCESSO DI PREPROCESSAMENTO — 17
ESEMPIO DI PREPROCESSAMENTO — 18
COMPILAZIONE — 18
ANALISI DEL CODICE — 19
TRADUZIONE IN LINGUAGGIO ASSEMBLY — 19
OTTIMIZZAZIONE DEL CODICE — 20
ASSEMBLAGGIO — 20
IL RUOLO DELL'ASSEMBLER — 21
GENERAZIONE DEI FILE OGGETTO — 22
COLLEGAMENTO (LINKING) — 22
FUNZIONI PRINCIPALI DEL LINKER — 22
TIPI DI LINKING — 23
PROCESSO DI LINKING — 25

| Esempio: generazione di un programma eseguibile | 25 |
| Esempio: Generazione di una libreria condivisa | 29 |

CAPITOLO 3 - DISTRIBUZIONE DI PACCHETTI PYTHON CON SETUPTOOLS — 35

Installazione di setuptools	36
Configurazione del file setup.py	37
Gestione delle dipendenze	40
Distribuzione del pacchetto	42
Caricamento del progetto su PyPy	43
Esempio: colorinfo	45

CAPITOLO 4 - UTILIZZO DELLE API PYTHON IN C — 50

Eseguire uno script da codice C utilizzando le API Python	52
Chiamare funzioni e oggetti Python	56
Esempio di utilizzo di funzioni e oggetti	62
Conclusione	66

CAPITOLO 5 - LIBRERIA CTYPES — 68

Panoramica delle funzionalità di ctypes	69
Installazione e configurazione	70
Tipi di Dati Fondamentali in ctypes	71
Utilizzo di ctypes per chiamare funzioni C da Python	73
Utilizzo di ctypes per utilizzare strutture C	78
Utilizzo di ctypes per funzioni di callback	80
Caricare la Libreria C Standard su UNIX o Windows utilizzando ctypes	82
Differenze tra Piattaforme	83
Codice per caricare la libreria appropriata	83
Tecniche di Debug per progetti ctypes	85
Controllo dei Tipi di Dati	85
Utilizzo di Strumenti di Debugging C	85
Logging e Verifica delle Assunzioni	87

CAPITOLO 6 - LIBRERIA CFFI — 89

VANTAGGI DI CFFI RISPETTO A CTYPES	**89**
INSTALLAZIONE DI CFFI	**95**
ESEMPIO ABI MODE	**96**
ESEMPIO API MODE – LIBRERIA C STANDARD	97
ESEMPIO API MODE – LIBRERIA C CUSTOM	102
EMBEDDING	**105**
STRUTTURE, PUNTATORI E ARRAY	**111**
LAVORARE CON STRUTTURE IN CFFI	111
LAVORARE CON PUNTATORI	112
LAVORARE CON ARRAY	112
ESEMPIO	113

CAPITOLO 7 - SWIG   116

SCOPO E VANTAGGI DI SWIG	**117**
COME AVVIENE LA COMUNICAZIONE TRA UN LINGUAGGIO DI SCRIPTING E C?	**118**
INSTALLAZIONE DI SWIG	**120**
REQUISITI DI SISTEMA	120
INSTALLAZIONE SU WINDOWS	120
INSTALLAZIONE SU LINUX	123
UTILIZZO DI SWIG PER LA CREAZIONE DI WRAPPER	**124**
STRUTTURA DI UN FILE .I	**127**
ESEMPIO PRELIMINARE - FATTORIALE DI UN NUMERO	**131**
ESEMPIO DI CODICE C	131
FILE DI INTERFACCIA SWIG	132
COSTRUZIONE DEL WRAPPER	133
UTILIZZO DEL WRAPPER SCRITTO IN PYTHON	137
ESEMPIO COMPLETO	**139**
ESEMPIO DI CODICE C	140
FILE DI INTERFACCIA SWIG	142
Costruzione del Wrapper	143
UTILIZZO DEL WRAPPER IN UNO SCRIPT PYTHON	145

CAPITOLO 8 – PROGETTO FINALE   147

PROGETTAZIONE DEL SISTEMA	**147**
FILE SORGENTI E SPIEGAZIONI	**149**

SCRIPT PER LA GENERAZIONE DEI WRAPPER - CFFI 155
SCRIPT PER LA GENERAZIONE DEI WRAPPER - CTYPES 158
SCRIPT PER LA GENERAZIONE DEI WRAPPER - SWIG 163

CAPITOLO 1 - Introduzione

Nel vasto e dinamico mondo della programmazione, la scelta del linguaggio è spesso tanto una questione di necessità quanto di preferenza personale. Ogni linguaggio porta con sé un insieme unico di filosofie, strumenti e capacità che lo rendono particolarmente adatto a determinati tipi di problemi. Tra la moltitudine di linguaggi, C e Python emergono come due pilastri fondamentali della programmazione moderna, ognuno eccellendo in aree distinte ma anche sorprendentemente complementari.

Questo libro nasce dalla visione di unire questi due mondi apparentemente diversi, esplorando come possono non solo coesistere ma anche potenziarsi reciprocamente. Il C, con la sua vicinanza al sistema e l'efficienza senza compromessi, offre quella precisione e velocità che è cruciale in ambienti come lo sviluppo di sistemi, firmware o applicazioni che richiedono massime prestazioni. D'altra parte, Python seduce con la sua sintassi elegante e leggibile, la vasta libreria standard e un ecosistema ricco di framework e tools, rendendolo ideale per prototipazione rapida, data science, sviluppo web e automazione.

In questo libro discuteremo come integrare efficacemente C e Python. Attraverso esempi concreti e case study dettagliati, sarai guidato nel creare soluzioni ibride che sfruttano la potenza del C per le operazioni a basso livello e la flessibilità del Python per scrivere codice ad alto livello più rapidamente e intuitivamente.

La sinergia tra C e Python è una testimonianza della bellezza e della versatilità della programmazione. Attraverso questo libro, aspiro a fornirti le competenze per sfruttare al meglio entrambi i linguaggi, ampliando il tuo arsenale tecnico e preparandoti ad affrontare sfide di programmazione sempre più complesse e variegate.

L'importanza delle librerie dinamiche

Una delle manifestazioni più potenti della sinergia tra C e Python si trova nell'uso delle librerie dinamiche, come le Shared Objects (.so) in sistemi Unix-like e le Dynamic Link Libraries (.dll) in Windows. Queste librerie permettono di utilizzare codice compilato in C all'interno di applicazioni Python, combinando così l'efficienza del C con la flessibilità del Python. L'integrazione di codice C attraverso le librerie dinamiche non solo migliora le prestazioni delle applicazioni Python ma apre anche nuove possibilità per gestire compiti computazionalmente intensivi, come elaborazione di immagini, calcolo scientifico e analisi di grandi volumi di dati. Le librerie dinamiche sono essenziali per mantenere il software scalabile, manutenibile e facilmente aggiornabile. Consentono di compilare varie funzioni in file separati che non necessitano di essere inclusi staticamente nei file eseguibili principali. Questo significa che possono essere caricati solo quando necessario, riducendo l'impronta di memoria del software e migliorando così le prestazioni generali.

Creazione e Vantaggi delle Librerie Dinamiche

La creazione di una libreria dinamica inizia con la definizione accurata delle funzioni che si desidera esporre. Queste funzioni vengono poi compilate in un file separato. A differenza dei collegamenti statici, dove le librerie vengono incorporate direttamente negli eseguibili, le librerie dinamiche vengono caricate al momento dell'esecuzione. Questo processo è noto come "late binding" o "dynamic linking".
Il vantaggio principale di questo approccio è la modularità: i cambiamenti in una particolare funzione o servizio offerto da una libreria dinamica possono essere effettuati senza necessità di ricompilare le applicazioni che la utilizzano. Ciò facilita notevolmente la manutenzione e l'aggiornamento del software, permettendo agli sviluppatori di distribuire correzioni o miglioramenti in modo più rapido ed efficiente.

Inoltre, le librerie dinamiche riducono la ridondanza nel sistema, poiché più programmi possono condividere la stessa libreria anziché avere copie multiple dello stesso codice caricate in memoria. Questo non solo risparmia spazio su disco, ma anche memoria, essenziale per dispositivi con risorse limitate.

Tecniche di Interazione tra Python e C

Il libro approfondisce diverse tecniche che consentono l'integrazione efficace tra Python e C, ciascuna con i suoi vantaggi e scenari di utilizzo ideali. Questa sezione fornisce una panoramica di queste metodologie, esplorando come possono essere impiegate per migliorare l'efficienza e l'efficacia del vostro lavoro di sviluppo.

- **CFFI (C Foreign Function Interface)**

CFFI è una libreria che facilita la chiamata di codice C da Python. Progettata per offrire un'interfaccia semplice e diretta, CFFI è particolarmente vantaggiosa nei progetti che richiedono un'integrazione profonda tra Python e C. Attraverso CFFI è possibile definire interfacce C in Python in un modo che sia leggibile e mantenibile allo stesso tempo.

- **ctypes**

ctypes è un'altra libreria Python che permette di chiamare funzioni in librerie dinamiche C e ha la capacità di convertire tra tipi di dati Python e C. È inclusa nella libreria standard Python, il che la rende facilmente accessibile senza installazioni aggiuntive.

- **SWIG (Simplified Wrapper and Interface Generator)**

SWIG è uno strumento automatizzato per generare interfacce tra C e varie altri linguaggi di programmazione, inclusi Python, Perl, Ruby e altri. SWIG legge le definizioni delle API C e genera automaticamente il codice di wrapping necessario.

Strumenti Necessari per l'interazione C - Python

Per approfittare pienamente delle tecniche e degli esempi presentati nei capitoli successivi, è essenziale disporre di un ambiente di sviluppo adeguatamente configurato.

Sebbene tu, caro lettore, abbia già una conoscenza pregressa di questi due linguaggi, che sia di livello base o avanzato, è fondamentale che tu abbia già installato un compilatore per C e un interprete Python sul tuo PC.

Prima di immergerci nelle tecniche di interazione, facciamo una breve panoramica sugli

degli strumenti indispensabili e delle loro funzioni.

Il Compilatore

Un compilatore è un programma che traduce il codice sorgente scritto in un linguaggio di programmazione di alto livello (come C) in un linguaggio macchina o codice oggetto eseguibile direttamente dal processore di un computer. Questo processo di traduzione è essenziale per trasformare il codice leggibile e comprensibile dagli umani in un formato che il computer possa eseguire. Vedremo nel capitolo successivo le fasi principali del processo di compilazione.

Il GCC

Il GCC, acronimo di GNU Compiler Collection, rappresenta una componente essenziale nell'ecosistema del software libero. Fondato da Richard Stallman come parte del progetto GNU negli anni '80, il GCC è stato concepito con un obiettivo ambizioso: offrire agli sviluppatori un'alternativa completamente libera ai compilatori proprietari, promuovendo così una maggiore libertà nel mondo del software.

Storia e Ideali del Progetto GNU

Il progetto GNU è stato avviato da Richard Stallman nel 1984 con l'intenzione di creare un sistema operativo completamente libero. Questo sistema, che comprendeva il GCC, doveva essere non solo funzionale ma anche un baluardo dei diritti degli utenti nel modificare, distribuire e studiare il codice sorgente senza restrizioni. Stallman introdusse la General Public License (GPL), che garantiva queste libertà, influenzando profondamente la cultura del software libero e ponendo le basi etiche e filosofiche del movimento open source. Il GCC, rilasciato nel 1987, è diventato uno strumento fondamentale per lo sviluppo di software libero, permettendo agli sviluppatori di tutto il mondo di contribuire e migliorare i software in modo collaborativo e trasparente.

Architettura Modulare e Flessibilità

Una delle caratteristiche salienti del GCC è la sua architettura modulare. Questo design permette agli sviluppatori di aggiungere supporto per nuovi linguaggi di programmazione e ottimizzazioni specifiche senza riscrivere l'intero sistema. Questa flessibilità ha reso il GCC particolarmente attraente per progetti che necessitano di supporto per molteplici linguaggi di programmazione, rendendolo una scelta prevalente in ambienti accademici, di ricerca e industriali. Il GCC supporta una vasta gamma di linguaggi, tra cui C, C++, Java, Ada, Fortran e Objective-C, facilitando così lo sviluppo di progetti complessi e multilingue.

Ottimizzazioni e Prestazioni

Il GCC è rinomato per le sue capacità avanzate di ottimizzazione del codice. Gli sviluppatori possono scegliere tra diversi livelli di ottimizzazione, equilibrando le esigenze di velocità di compilazione e le prestazioni del software risultante. Queste ottimizzazioni migliorano non solo la velocità di esecuzione del programma ma anche l'efficienza nell'uso delle risorse del sistema, come la memoria. Questi miglioramenti sono cruciali, specialmente in sistemi embedded o in applicazioni dove le prestazioni sono critiche.

Supporto per Diverse Piattaforme

Il supporto esteso per diverse piattaforme hardware e sistemi operativi è una delle forze trainanti del successo del GCC. Questo rende il GCC estremamente versatile, capace di generare codice eseguibile per una vasta gamma di dispositivi, dai microcontrollori ai supercomputer. Questa capacità assicura che il GCC rimanga una scelta popolare per lo sviluppo di software in contesti altamente variabili e tecnologicamente diversificati.

Mingw e MSYS: Contenuti e Utilizzo

MinGW (Minimalist GNU for Windows) e MSYS (Minimal SYStem) rappresentano una coppia di strumenti che portano il mondo dello sviluppo open source su piattaforma Windows. Questi due componenti, quando combinati, forniscono agli sviluppatori un ambiente flessibile e familiare, consentendo loro di sfruttare le potenzialità degli strumenti GNU e di integrare aspetti dell'ecosistema Unix-like in un contesto Windows.

MinGW: Il Cuore della Compilazione su Windows

- GCC e Binutils: Il nucleo di MinGW è rappresentato dal GCC, la rinomata GNU Compiler Collection, che consente la compilazione di codice sorgente in linguaggi come C, C++, e Fortran. Accanto a GCC, MinGW include gli strumenti binutils, tra cui il linker ld e l'assemblatore as, essenziali per il processo di compilazione e linking.
- Librerie e Strumenti Aggiuntivi: Oltre al compilatore e agli strumenti di base, MinGW include librerie e header file che consentono agli sviluppatori di accedere alle funzionalità del sistema operativo Windows. Questo aspetto è cruciale per creare applicazioni che sfruttano appieno le caratteristiche della piattaforma.
- Installazione

Link: https://www.mingw-w64.org/downloads/

Mingw-builds

Installation: GitHub

▼ Assets 10

i686-13.2.0-release-posix-dwarf-msvcrt-rt_v11-rev0.7z	73.3 MB	Oct 2
i686-13.2.0-release-posix-dwarf-ucrt-rt_v11-rev0.7z	73.3 MB	Oct 2
i686-13.2.0-release-win32-dwarf-msvcrt-rt_v11-rev0.7z	73.4 MB	Oct 2
i686-13.2.0-release-win32-dwarf-ucrt-rt_v11-rev0.7z	73.3 MB	Oct 2
x86_64-13.2.0-release-posix-seh-msvcrt-rt_v11-rev0.7z	69.6 MB	Oct 2
x86_64-13.2.0-release-posix-seh-ucrt-rt_v11-rev0.7z	69.6 MB	Oct 2
x86_64-13.2.0-release-win32-seh-msvcrt-rt_v11-rev0.7z	69.7 MB	Oct 2
x86_64-13.2.0-release-win32-seh-ucrt-rt_v11-rev0.7z	69.7 MB	Oct 2
Source code (zip)		May 24
Source code (tar.gz)		May 24

Clicca sulla versione di tuo interesse, e poi unzippa il download. Dovresti vedere all'interno una cartella /bin con tutti gli strumenti necessari per lo sviluppo.

MSYS: Il Ponte tra Unix-like e Windows

- <u>Shell Unix-like su Windows</u>: MSYS offre un'interfaccia a riga di comando Unix-like su sistemi operativi Windows, creando un ambiente familiare per gli sviluppatori provenienti da un contesto Unix-like. Fornisce una shell interattiva che consente l'utilizzo di comandi tipici di Unix all'interno di un ambiente Windows.
- <u>Utilità del Sistema GNU</u>: MSYS include una serie di utilità del sistema GNU, come comandi di base e strumenti di sistema, fornendo agli sviluppatori una vasta gamma di strumenti per gestire file, directory, e altre operazioni di sistema.

- Gestione delle Dipendenze: Uno dei ruoli chiave di MSYS è semplificare la gestione delle dipendenze durante lo sviluppo. Gli sviluppatori possono utilizzare strumenti come make e autotools in modo simile a quanto farebbero in un ambiente Unix-like, semplificando il processo di configurazione e compilazione.
- Installazione:
  Link: https://www.mingw-w64.org/downloads/

> **MSYS2**
>
> Installation: GitHub

Alternative Toolchain per lo Sviluppo in C

Mentre MinGW (Minimalist GNU for Windows) rimane una scelta popolare per gli sviluppatori che cercano un ambiente di compilazione GNU semplice e diretto per Windows, esistono diverse altre alternative che offrono funzionalità avanzate e un approccio diversificato all'ambiente di sviluppo su questa piattaforma. Di seguito, esploreremo alcune delle opzioni più rilevanti:

1. Cygwin: Un Ambiente Unix-like per Windows

Cygwin è un potente strumento per gli sviluppatori che desiderano portare l'esperienza Unix su sistemi Windows. Questo ambiente fornisce non solo il compilatore GCC e gli strumenti binutils, ma anche una vasta gamma di librerie e applicazioni tipiche degli ambienti Unix/Linux. Cygwin è particolarmente utile per i progetti che richiedono la compatibilità con script Unix o che necessitano di utilizzare funzionalità POSIX non native di Windows. La sua integrazione di una shell Unix-like e la disponibilità di strumenti comuni come SSH, grep, awk e molti altri, rendono Cygwin un'opzione robusta per un ambiente di sviluppo integrato e flessibile su Windows.

2. <u>WSL (Windows Subsystem for Linux): Un Ponte tra Windows e Linux</u>

Introdotto da Microsoft come parte di Windows 10, il Windows Subsystem for Linux (WSL) rappresenta un'innovativa convergenza tra Windows e Linux, permettendo agli utenti di installare e eseguire una o più distribuzioni Linux direttamente all'interno di Windows. Con WSL, gli sviluppatori possono utilizzare software Linux nativo, compresi i compilatori come GCC, ambienti di sviluppo e pacchetti disponibili tramite gestori di pacchetti Linux, tutto ciò senza la necessità di dual-boot o di virtualizzazione pesante. WSL è ideale per progetti che beneficiano delle prestazioni di Linux e degli strumenti nativi, offrendo una significativa integrazione con il file system di Windows e le applicazioni.

3. <u>Clang/LLVM Toolchain: Innovazione nel Mondo della Compilazione</u>

La toolchain Clang/LLVM rappresenta la frontiera della moderna compilazione di codice. Clang, il compilatore front-end per C, C++ e Objective-C, è noto per la sua compilazione estremamente veloce e l'accurata analisi degli errori. Basato su LLVM, un framework di compilazione modulare e riutilizzabile, Clang è progettato per offrire prestazioni superiori, una migliore compatibilità con gli standard e una maggiore flessibilità nella generazione di codice ottimizzato per diverse architetture hardware. Questa toolchain è particolarmente apprezzata nello sviluppo di software dove l'efficienza del codice e la velocità di compilazione sono critiche.

4. <u>TDM-GCC: GCC con un Focus su Windows</u>

TDM-GCC è una variante del tradizionale GCC progettata specificamente per Windows. Questa distribuzione include configurazioni che ottimizzano GCC per l'ambiente Windows, rendendolo un'alternativa più "amichevole" per gli sviluppatori abituati agli strumenti e agli IDE Windows. TDM-GCC è spesso scelto per la sua facilità di installazione e configurazione, oltre a includere miglioramenti e patch che indirizzano specifiche problematiche relative alla compilazione su piattaforme Windows.

La scelta della toolchain dipende dalle esigenze specifiche del progetto, dalle preferenze personali e dalla necessità di integrazione con ambienti specifici. Consiglio di esplorare queste alternative per scoprire quale toolchain si allinea meglio con il proprio flusso di lavoro.

Interprete Python

Per eseguire gli scripts Python e interagire con le librerie C, è consigliabile installare l'ultima versione di Python per garantire la compatibilità con tutte le librerie e i framework moderni. Python può essere scaricato e installato dal sito ufficiale python.org, che fornisce pacchetti per Windows, Linux e macOS. L'installazione di Python include anche pip, il gestore di pacchetti di Python, che vi permetterà di installare facilmente pacchetti aggiuntivi come CFFI.

Ambienti di Sviluppo Integrati (IDE)

Un buon IDE può semplificare significativamente il processo di sviluppo integrando strumenti di editing, debugging e compilazione. Ecco alcune opzioni popolari:

- Visual Studio Code (VSCode): leggero e configurabile, VSCode supporta sia C che Python tramite estensioni, come l'estensione Python ufficiale e l'estensione C/C++ di Microsoft. È disponibile gratuitamente e offre funzionalità come il completamento del codice, la navigazione nel codice e terminali integrati.
- PyCharm: specifico per Python ma con supporto per linguaggi aggiuntivi tramite plugin, PyCharm offre un ambiente ricco per lo sviluppo Python con strumenti avanzati di refactoring, comprensione del codice e debugging.

Consigli per la Configurazione

Per ottenere i migliori risultati, è consigliabile configurare il proprio ambiente di sviluppo prima di iniziare a seguire gli esempi proposti nei capitoli successivi di questo libro. Assicuratevi di testare la configurazione eseguendo semplici scripts di prova in entrambi i linguaggi. Non esitate a personalizzare l'ambiente in base alle vostre preferenze personali e esigenze specifiche del progetto.

L'investimento iniziale nel configurare e familiarizzare con questi strumenti vi ripagherà aumentando notevolmente la vostra produttività e la qualità del vostro lavoro di sviluppo software.

Approccio Teorico e Pratico

Nel corso di questo libro, ogni concetto teorico non solo viene esaminato in dettaglio, ma è anche accompagnato da un esempio pratico che ne illustra l'applicazione. Questo approccio didattico è deliberatamente scelto per rafforzare la comprensione delle nozioni teoriche attraverso l'esperienza diretta. Non si tratta solo di leggere e assimilare, ma di vedere in azione l'integrazione tra C e Python. Gli esempi pratici servono a dimostrare come la teoria si traduca in soluzioni concrete, permettendo al lettore di apprezzare immediatamente l'utilità e l'efficacia delle strategie discusse.

Ogni esempio è pensato per costruire una solida comprensione del modo in cui C e Python possono lavorare insieme per risolvere problemi complessi in modo più efficiente. Questo ponte tra teoria e pratica è fondamentale per coloro che intendono non solo espandere la loro conoscenza teorica, ma anche acquisire competenze pratiche applicabili in una varietà di contesti professionali.

Inoltre, ogni esempio pratico viene discusso con un'analisi che approfondisce le scelte di progettazione, le sfide incontrate e le soluzioni adottate, offrendo così al lettore una visione completa del processo di sviluppo del software. Attraverso questi casi di studio, il lettore può acquisire una migliore intuizione su come affrontare i problemi di programmazione e su come sfruttare al meglio le caratteristiche uniche di C e Python nel suo lavoro quotidiano.

Note per il Lettore

Nel viaggio attraverso l'integrazione di C e Python, la vera maestria si sviluppa non solo seguendo passivamente gli esempi, ma soprattutto attraverso l'esplorazione attiva e la personalizzazione delle tecniche apprese. Questa sezione del libro è dedicata a incoraggiarti a sperimentare con libertà e a costruire soluzioni su misura che si adattino perfettamente ai tuoi specifici bisogni e contesti.

Sperimentazione Attiva

Ti incoraggio a considerare gli esempi forniti nel libro come punti di partenza. Ogni frammento di codice, ogni tecnica descritta rappresenta una base da cui potrai divergere, esplorando nuove possibilità e modificando il codice per vedere come reagisce a diversi scenari.

Suggerimenti per la Sperimentazione:

- Variazione dei Tipi di Dati: esplora come l'uso di diversi tipi di dati influisce sulla comunicazione tra C e Python. Ad esempio, potresti passare da semplici tipi di dati come int o float a strutture dati più complesse come struct o array.
- Modifica delle Funzioni: modifica le funzioni esistenti o crea nuove funzioni che realizzano operazioni più complesse. Osserva come cambiano le prestazioni e il comportamento del codice.
- Gestione delle Eccezioni: aggiungi una gestione delle eccezioni robusta nei tuoi esempi per imparare a gestire gli errori in modo efficace tra i due linguaggi.

Queste modifiche non solo ampliano la tua comprensione delle capacità di C e Python ma ti preparano anche a risolvere problemi complessi che potresti incontrare nel mondo reale.

Creazione di Esempi Personalizzati

Mentre procedi con la lettura del libro, ti incoraggio a pensare a come potresti applicare quanto appreso ai tuoi progetti personali o professionali. Creare esempi personalizzati che riflettano le sfide specifiche del tuo ambiente di lavoro non solo rafforza l'apprendimento ma ti offre anche una visione più chiara delle potenzialità dell'integrazione di C e Python.

Passaggi per Sviluppare Esempi Personalizzati:

- Identificazione del Problema: scegli un problema specifico nel tuo ambiente di lavoro che potrebbe beneficiare dell'integrazione di C e Python.
- Progettazione della Soluzione: sviluppa un piano su come potresti utilizzare C e Python insieme per risolvere il problema. Questo potrebbe includere l'elaborazione di dati pesanti in C con una logica di controllo o analisi in Python.
- Implementazione Incrementale: costruisci la tua soluzione in fasi, iniziando con prototipi semplici e aumentando la complessità man mano che acquisisci confidenza e comprendi meglio l'interazione tra i linguaggi.
- Testing e Valutazione: testa ampiamente la tua soluzione personalizzata e valuta il suo impatto. Considera di aggiustare o riprogettare basandoti sui risultati dei test.
- Documentazione: documenta il processo e i risultati. Questo non solo aiuta a condividere la conoscenza con altri ma serve anche come riferimento per futuri problemi.

Conclusione

Attraverso la sperimentazione attiva e la creazione di esempi personalizzati, potrai non solo applicare la teoria ma anche innovare in modi che sono direttamente rilevanti per il tuo lavoro e i tuoi interessi. Questo processo non solo arricchisce la tua esperienza di apprendimento ma trasforma anche le sfide teoriche in competenze pratiche applicabili, spingendoti verso la maestria nell'arte della programmazione con C e Python.

CAPITOLO 2 - Gli stage di compilazione del codice C

L'integrazione efficace del codice C con Python è una delle tecniche più potenti per migliorare le prestazioni e la capacità di operare a basso livello nelle applicazioni Python. Tuttavia, per realizzare questa integrazione in modo efficace, è essenziale comprendere gli stage di compilazione del codice C. Questo capitolo si propone di esplorare i vari stadi della compilazione di un programma C.

La necessità di questo capitolo nasce dall'osservazione che molti sviluppatori Python, pur essendo esperti nel loro dominio, spesso non possiedono una conoscenza approfondita dei processi di compilazione del linguaggio C. Questa lacuna può portare a inefficienze o errori quando si cerca di interfacciare codice Python con librerie scritte in C.

Verranno discusse le fasi di preprocessamento, compilazione, assemblaggio, e collegamento (linking).

Il processo di compilazione riveste un ruolo cruciale nel trasformare il codice sorgente in un eseguibile o libreria funzionante. La complessità di questo processo è talmente intricata che, in questo contesto, ci limiteremo a una panoramica, senza addentrarci troppo nei dettagli specifici.

Il compilatore che guiderà il nostro viaggio attraverso questa intricata rete di trasformazioni è il GNU Compiler Collection, meglio conosciuto come gcc.

Gli step che compongono il processo di compilazione con gcc sono molteplici e, in quanto tali, contribuiscono in maniera sinergica alla creazione di un programma eseguibile. Ma, prima di immergerci in questa serie di trasformazioni, è importante sottolineare che, in questo capitolo, ci concentreremo su una visione più ampia, evitando di affogare il lettore in aspetti dettagliati che potrebbero risultare eccessivamente tecnici.

È sempre utile tracciare paralleli con il mondo reale quando ci approcciamo a concetti che a prima vista possono sembrare ardui. Immaginiamo il compilatore come un regista di uno spettacolo teatrale di grande complessità, dove ogni elemento del linguaggio C rappresenta un attore che deve essere sapientemente coordinato all'interno dell'ambito della realizzazione di un'opera eseguibile. Tale opera, una volta finalizzata, dà vita al programma, consentendogli di assumere il suo ruolo sul grande palco dell'elaborazione dati e dell'esecuzione di istruzioni.

Questo capitolo mira ad offrire una panoramica di questa danza complessa, focalizzandosi sui momenti chiave del processo di compilazione in C, sotto la guida esperta del gcc. L'obiettivo è comprendere come, attraverso una serie di fasi ben orchestrate, si giunga alla creazione di un file eseguibile - noto come .out in ambiente Unix e .exe in ambiente Windows.

Presentiamo qui un'illustrazione che delinea il percorso di generazione di un file eseguibile, offrendo una visione schematica di questo processo.

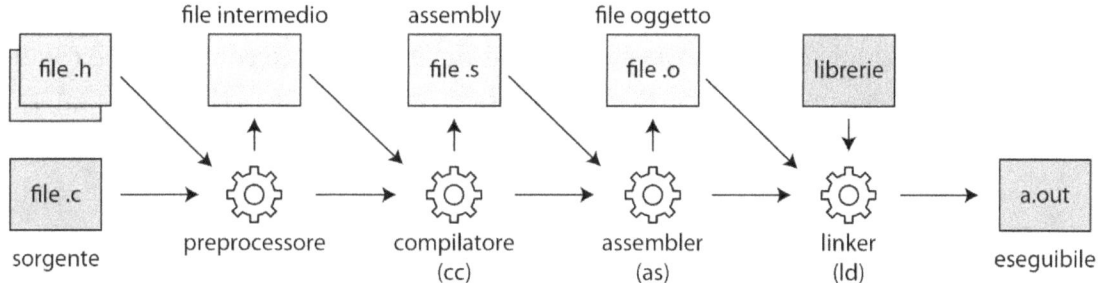

Preprocessamento

Il preprocessamento in C rappresenta una fase preliminare cruciale nel processo di compilazione, agendo prima della compilazione effettiva del codice. Questo stadio manipola e prepara il codice sorgente, influenzando direttamente il risultato finale senza modificare il flusso logico del programma. La comprensione di questa fase è fondamentale per coloro che vogliono sfruttare appieno le capacità del linguaggio C.

Funzionalità Principali del Preprocessore

Il preprocessore esegue una varietà di operazioni basate su direttive specifiche, che sono istruzioni nel codice sorgente indicate da un simbolo di cancelletto (#). Queste operazioni includono:

- Espansione dei Macro: i macro sono essenzialmente snippet di codice che possono essere definiti e riutilizzati all'interno del codice sorgente. Questi consentono di scrivere codice più compatto e facilmente manutenibile. Un esempio comune è la definizione di costanti o funzioni "inline" attraverso macro.
- Inclusione di File: la direttiva #include permette di inserire il contenuto di un file nel punto in cui appare la direttiva. Questo è fondamentale per la gestione delle librerie e la separazione del codice in più file, facilitando la modularità e la riutilizzabilità.
- Condizionamento della Compilazione: le direttive condizionali (#if, #ifdef, #ifndef, #endif, ecc.) consentono di includere o escludere parti di codice in base a condizioni specifiche. Questo meccanismo è utile per la compilazione condizionale di codice specifico per piattaforma o per la definizione di blocchi di codice debug.

Processo di Preprocessamento

Il processo inizia quando il compilatore C incontra una direttiva di preprocessamento nel codice sorgente. Queste direttive, come già accennato nella sezione precedente, sono facilmente riconoscibili poiché iniziano con il simbolo #. Il preprocessore esegue quindi tutte le operazioni richieste prima di passare il codice modificato alla fase successiva della compilazione.

Uno dei vantaggi del preprocessamento è la sua capacità di ridurre la complessità del codice sorgente, espandendo i macro e includendo file dove necessario, rendendo il codice più leggibile e mantenibile. Inoltre, permette agli sviluppatori di scrivere codice condizionale che può essere compilato in modi diversi a seconda delle necessità, come per differenti piattaforme hardware o per attivare modalità di debug.

Esempio di Preprocessamento

Consideriamo il seguente semplice esempio per illustrare il preprocessamento in azione:

```c
#include <stdio.h>
#define PI 3.14159

int main() {
    double raggio = 5.0;
    double area = PI * raggio * raggio;
    printf("L'area del cerchio è: %f\n", area);
    return 0;
}
```

In questo codice:

- La direttiva #include <stdio.h> istruisce il preprocessore ad includere il contenuto del file di intestazione stdio.h, che contiene le definizioni standard per le operazioni di input/output, come printf.
- La direttiva #define PI 3.14159 definisce un macro PI che viene sostituito con 3.14159 ovunque appaia nel codice.

Durante il preprocessamento, il preprocessore esegue queste operazioni, risultando in un codice sorgente modificato che viene poi passato alla fase di compilazione vera e propria.

Compilazione

Dopo il preprocessamento, il codice sorgente C entra nella fase di compilazione vera e propria, un processo critico che traduce il codice sorgente preprocessato in linguaggio assembly. Questa fase rappresenta un passaggio fondamentale nel ciclo di vita dello sviluppo del software, dove il codice diventa più vicino all'esecuzione da parte della macchina, pur rimanendo in una forma che è generalmente leggibile dall'uomo. La compilazione può essere vista come il cuore del processo di trasformazione del codice, che abbraccia analisi, traduzione e ottimizzazione.

Analisi del Codice

La fase di compilazione inizia con l'analisi del codice sorgente, che può essere suddivisa in analisi lessicale, sintattica e semantica:

- Analisi Lessicale: in questa sottofase, il compilatore trasforma il flusso di caratteri del codice sorgente in una sequenza di token. I token sono gli elementi costitutivi del linguaggio, come identificatori, parole chiave, costanti, operatori, e simboli di punteggiatura.
- Analisi Sintattica: successivamente, l'analisi sintattica organizza i token in strutture gerarchiche conformemente alla sintassi del linguaggio, generalmente rappresentate mediante un albero sintattico astratto (AST). L'AST riflette la struttura logica del codice, delineando come i vari costrutti del linguaggio (funzioni, istruzioni condizionali, cicli, ecc.) sono organizzati e annidati l'uno nell'altro.
- Analisi Semantica: questa fase verifica la correttezza del codice rispetto alle regole semantiche del linguaggio. Si assicura, ad esempio, che le variabili siano dichiarate prima dell'uso, che le funzioni siano chiamate con il numero e tipo corretto di argomenti, e che le operazioni siano eseguibili sui tipi di dati a cui sono applicate.

Traduzione in Linguaggio Assembly

Dopo l'analisi, il compilatore procede con la traduzione dell'AST in codice assembly. Questa traduzione mappa le strutture e le operazioni del codice sorgente in istruzioni che possono essere comprese e eseguite dalla CPU, pur mantenendo una forma leggibile per gli sviluppatori. Il linguaggio assembly è specifico per ogni architettura di processore, pertanto questa fase del processo di compilazione è influenzata dal tipo di CPU su cui il software è destinato a essere eseguito.

Ottimizzazione del Codice

Durante o dopo la traduzione in linguaggio assembly, il compilatore può eseguire varie ottimizzazioni per migliorare l'efficienza del codice generato. Queste ottimizzazioni possono ridurre il tempo di esecuzione del programma, il suo consumo di memoria, o entrambi, e possono includere:

- Eliminazione del Codice Morto: rimozione di parti di codice che non influenzano il risultato del programma (ad esempio, variabili non utilizzate o codice non raggiungibile).
- Unrolling dei Cicli: trasformazione dei cicli per ridurre il sovraccarico dovuto alla valutazione delle condizioni e all'incremento delle variabili di ciclo.
- Riallocazione dei Registri: assegnazione delle variabili ai registri della CPU in modo efficiente per minimizzare l'accesso alla memoria.
- Inline Expansion: sostituzione delle chiamate a funzioni di piccole dimensioni con il loro corpo, per evitare il sovraccarico dovuto alla chiamata di funzione.

Assemblaggio

Dopo il preprocessamento e la compilazione, il processo di compilazione in C prosegue con la fase di assemblaggio. Questo stadio segue immediatamente la compilazione e precede la fase di collegamento (linking). Durante l'assemblaggio, il codice sorgente in linguaggio assembly, solitamente contenuto in file con estensione .s, viene tradotto in codice macchina, generando un file oggetto con estensione .o. Questo processo è essenziale per convertire le istruzioni di alto livello, comprensibili agli sviluppatori ma non direttamente eseguibili dalla macchina, in una forma che la CPU può eseguire.

Il processo di assemblaggio prende in input il codice scritto in linguaggio assembly e lo traduce in codice macchina, un insieme di istruzioni binarie che la CPU può interpretare ed eseguire. Ogni istruzione assembly viene convertita in una o più istruzioni binarie specifiche dell'architettura target. Questo processo richiede una conoscenza dettagliata del set di istruzioni della CPU e di come le varie istruzioni manipolano i registri e la memoria.

Il Ruolo dell'Assembler

L'assemblatore è il programma che esegue l'assemblaggio. Funziona analizzando il codice assembly, risolvendo i riferimenti a etichette (label) e variabili, e convertendo le istruzioni mnemoniche e le direttive in codice macchina.

Ad esempio, un'istruzione assembly potrebbe apparire come:

```
mov eax, 42
```

Questa istruzione assegna il valore 42 al registro eax. Anche se la sintassi è più vicina all'hardware della macchina, è ancora relativamente comprensibile rispetto al linguaggio macchina binario corrispondente.

Gli assemblatori possono operare in modalità a singolo passaggio o a doppio passaggio:

- Assemblatori a Singolo Passaggio: processano il codice assembly in una sola attraversata, il che richiede che tutte le etichette siano definite prima di essere utilizzate.
- Assemblatori a Doppio Passaggio: effettuano due letture del codice sorgente. La prima per raccogliere le definizioni di tutte le etichette e la seconda per tradurre le istruzioni e risolvere i riferimenti.

Generazione dei File Oggetto

Il risultato dell'assemblaggio è un file oggetto (.o), che contiene il codice macchina insieme a informazioni aggiuntive necessarie per il collegamento, come le tabelle dei simboli. Queste tabelle elencano i nomi e gli indirizzi di variabili e funzioni, sia definiti all'interno del file oggetto sia riferiti ma definiti altrove, facilitando così la risoluzione dei riferimenti durante la fase di collegamento.

Collegamento (linking)

Dopo le fasi di preprocessamento, compilazione e assemblaggio, il processo di compilazione in C raggiunge il suo apice nello stadio di linking.

Il linking, o collegamento gioca un ruolo critico nella creazione di un programma eseguibile o di una libreria condivisa. Dopo che il codice sorgente è stato preprocessato, compilato in linguaggio assembly, e assemblato in codice macchina producendo file oggetto (.o o .obj), il linker entra in azione. Il suo compito è di unire questi file oggetto insieme a eventuali librerie esterne richieste, risolvendo i riferimenti incrociati tra essi per generare un file eseguibile (ad esempio, .exe su Windows o un file senza estensione su sistemi UNIX-like) o una libreria (come .dll su Windows o .so su Linux).

Funzioni Principali del Linker

Il processo di linking risolve due questioni principali:

- Risoluzione dei Simboli: identifica e associa i riferimenti ai simboli (funzioni, variabili) nei vari file oggetto e librerie con le relative definizioni. Un simbolo può essere definito in un file oggetto e riferito in un altro; il linker determina l'indirizzo di ogni simbolo e aggiorna i riferimenti in modo che puntino all'indirizzo corretto.

- Combinazione di File Oggetto e Librerie: unisce i diversi file oggetto e librerie statiche o dinamiche richieste dal programma in un unico file eseguibile o libreria. Durante questo processo, il linker può anche eliminare parti di codice non utilizzate (dead code) dalle librerie statiche.

Tipi di Linking

Il linking, essenziale nel processo di creazione di software eseguibile, si biforca in due metodologie principali: il linking statico e il linking dinamico. Queste due tecniche differiscono significativamente nel modo in cui gestiscono le dipendenze e le librerie durante la generazione del file eseguibile finale. La scelta tra linking statico e dinamico influenza la distribuzione, l'esecuzione e la manutenzione del software.

- <u>Linking Statico</u>

Nel linking statico, il codice delle librerie richieste dal programma viene letteralmente "incorporato" nel file eseguibile finale. Quando il linker processa il programma, cerca le librerie specificate come dipendenze, copiando il loro contenuto direttamente all'interno dell'eseguibile.

Vantaggi:

- Indipendenza: l'eseguibile non dipende da librerie esterne al momento dell'esecuzione, rendendo la distribuzione e l'esecuzione più semplici in ambienti diversi senza la necessità di gestire dipendenze aggiuntive.
- Stabilità: la versione delle librerie usate è fissata e integrata nell'eseguibile, eliminando il rischio che aggiornamenti delle librerie esterne possano causare incompatibilità o malfunzionamenti.

Svantaggi:

- Dimensioni del File: il file eseguibile risultante è più grande, poiché contiene tutto il codice delle librerie utilizzate.

- Aggiornamenti e Manutenzione: eventuali aggiornamenti di sicurezza o funzionali nelle librerie richiedono la ricompilazione e la redistribuzione dell'intero programma.

- <u>Linking Dinamico</u>

Contrariamente al linking statico, il linking dinamico mantiene le dipendenze esterne separate dall'eseguibile. Le librerie dinamiche (.dll su Windows o .so su sistemi basati su Unix) vengono caricate in memoria dal sistema operativo al momento dell'esecuzione del programma. L'eseguibile contiene riferimenti a queste librerie esterne, ma non il loro codice direttamente.

Vantaggi:

- Riduzione delle Dimensioni: gli eseguibili sono più piccoli, poiché contengono solo il codice necessario per collegarsi alle librerie esterne al momento dell'esecuzione.
- Condivisione e Efficienza della Memoria: le librerie dinamiche possono essere condivise tra più programmi eseguiti contemporaneamente, riducendo l'uso complessivo della memoria.
- Facilità di Aggiornamento: le librerie dinamiche possono essere aggiornate senza la necessità di ricompilare o ridistribuire i programmi che le utilizzano, facilitando la gestione degli aggiornamenti, specialmente per correzioni di sicurezza.

Svantaggi:

- Dipendenza dall'Ambiente di Esecuzione: la disponibilità delle versioni appropriate delle librerie dinamiche è cruciale. Mancanze o incompatibilità delle librerie nel sistema ospitante possono impedire l'esecuzione del programma.

- Complessità di Distribuzione: sebbene l'eseguibile sia più piccolo, la gestione delle dipendenze diventa più complessa, specialmente in sistemi dove il gestore di pacchetti non risolve automaticamente queste dipendenze.

Processo di Linking

Il processo di linking segue vari passaggi:

- Raccolta: il linker raccoglie tutti i file oggetto e le librerie specificate dall'utente o dal sistema di build e li prepara per l'analisi.
- Risoluzione dei Simboli: scansiona i file oggetto e le librerie per mappare ogni riferimento a simbolo (come una chiamata a funzione o una variabile globale) alla sua definizione.
- Riallocazione: aggiusta i riferimenti ai simboli all'interno dei file oggetto per riflettere la loro posizione nel file eseguibile finale. Ciò è necessario poiché l'indirizzo di un simbolo può cambiare a seconda di dove e come i file oggetto sono combinati.
- Ottimizzazione (opzionale): effettua ottimizzazioni finali, come la rimozione del codice non raggiungibile o l'inline di funzioni dalle librerie, per migliorare le prestazioni o ridurre le dimensioni del file eseguibile.
- Scrittura del File Eseguibile: genera il file eseguibile o la libreria, incorporando il codice macchina, i dati, e le informazioni necessarie per il caricamento del programma da parte del sistema operativo.

Esempio: generazione di un programma eseguibile

In questa sezione viene illustrato un esempio completo delle fasi di compilazione utilizzando un semplice programma scritto in C. Il processo sarà esaminato passo dopo passo, dalla scrittura del codice fino al linking, utilizzando il compilatore GCC, che a questo punto dell'apprendimento avrai installato sul tuo PC. Prenderemo come esempio un programma che calcola l'area di un cerchio, per mantenere le cose semplici ma significative.

Passo 1: Scrivere il Codice Sorgente

Iniziamo creando un file di codice sorgente in C. Salviamo il codice seguente in un file chiamato area_cerchio.c.

```c
#include <stdio.h>
#define PI 3.14159

double calcolaArea(double raggio) {
    return PI * raggio * raggio;
}

int main() {
    double raggio = 5.0;
    double area = calcolaArea(raggio);
    printf("L'area del cerchio con raggio %.2f è %.2f\n", raggio, area);
    return 0;
}
```

Passo 2: Preprocessamento

Il preprocessamento è il primo passo eseguito dal compilatore, che elabora le direttive #include, #define, e altre direttive del preprocessore. In questo esempio, #include <stdio.h> indica al preprocessore di includere il contenuto del file di intestazione standard per le funzioni di input/output, e #define PI 3.14159 definisce un macro per il valore di Pi. Normalmente, non si invoca esplicitamente il preprocessore; esso viene eseguito automaticamente dal compilatore.

Passo 3: Compilazione in Codice Assembly

Il compilatore GCC trasforma il codice sorgente preprocessato in codice assembly. Questo passaggio può essere visualizzato utilizzando il seguente comando in un terminale:

```
gcc -S area_cerchio.c
```

Questo comando crea un file area_cerchio.s contenente il codice assembly generato dal compilatore.

Passo 4: Assemblaggio in Codice Macchina

Il passo successivo è l'assemblaggio del codice assembly in codice macchina, generando un file oggetto. Anche questo viene gestito automaticamente da GCC, ma per scopi didattici, è possibile eseguirlo esplicitamente con:

```
gcc -c area_cerchio.s
```

Questo produce un file area_cerchio.o, un file oggetto che contiene il codice macchina ma non è ancora un programma eseguibile.

Passo 5: Linking

Infine, il linker è invocato dal compilatore per unire il file oggetto con le librerie necessarie per creare il programma eseguibile. Se il codice sorgente fa riferimento a funzioni standard come printf, il linker incorpora queste referenze dal file oggetto della libreria standard del C. Questo può essere fatto con:

```
gcc area_cerchio.o -o area_cerchio
```

Questo comando genera il file eseguibile area_cerchio (su Windows, sarebbe area_cerchio.exe).

Comando Singolo

In pratica, tutti questi passaggi possono essere eseguiti in una sola volta con il comando:

```
gcc area_cerchio.c -o area_cerchio
```

Questo comando compila, assembla e linka il programma in un unico passaggio, generando l'eseguibile area_cerchio.

Esecuzione del Programma

Dopo il completamento del processo di linking, si ottiene un file eseguibile che è pronto per essere eseguito sul sistema. Tuttavia, affinché il programma venga effettivamente eseguito, deve prima essere caricato nella memoria del sistema. Questo è dove entra in gioco il ruolo del loader (caricatore).

Per eseguire il programma su un sistema Unix/Linux, utilizzi il comando:

```
./area_cerchio
```

Questo comando dice al sistema operativo di avviare il programma area_cerchio. A questo punto, il sistema operativo invoca il loader, che ha il compito di caricare il file eseguibile dalla memoria di archiviazione (come un disco rigido o SSD) nella memoria RAM del sistema.

Il loader svolge diverse funzioni critiche durante il processo di caricamento:

- Lettura dell'Eseguibile: il loader legge il file eseguibile dal sistema di archiviazione e determina quali parti del programma devono essere caricate in memoria.
- Allocare la Memoria: assegna spazio nella memoria fisica del sistema per il codice del programma, i dati e lo stack. Questo include anche la risoluzione di qualsiasi indirizzo virtuale utilizzato nel codice in indirizzi fisici effettivi.
- Caricare le Dipendenze: se il programma fa uso di librerie dinamiche (come discusso nella sezione sul linking dinamico), il loader si occupa anche di caricare queste librerie in memoria.
- Preparazione all'Esecuzione: imposta il puntatore di istruzione iniziale del programma, che indica alla CPU dove iniziare l'esecuzione del programma.

- Passaggio di Controllo al Programma: infine, il loader passa il controllo al programma, permettendogli di eseguire.

Una volta che il loader ha completato il suo lavoro, il controllo viene trasferito al codice del programma, che inizia ad eseguire dalla funzione main(). In questo esempio, il programma calcola l'area di un cerchio dato il raggio e stampa il risultato utilizzando la funzione printf().

Quando il programma viene eseguito, l'output viene visualizzato sul terminale. Per il nostro programma area_cerchio, l'output sarà simile a:

```
L'area del cerchio con raggio 5.00 è 78.54
```

Questo output è il risultato dell'esecuzione delle istruzioni del programma, che calcolano l'area di un cerchio basandosi sul valore del raggio definito nel codice e utilizzando la costante PI.

Esempio: Generazione di una libreria condivisa

In questa sezione vediamo un esempio pratico per la generazione di una DLL (Dynamic Link Library) in Windows (e .so per sistemi Unix). Creeremo una semplice libreria condivisa con una funzione per calcolare la somma di due numeri interi.

Codice della libreria (somma.dll – somma.so):

```c
#include <stdio.h>

#ifdef _WIN32
#define DLL_EXPORT __declspec(dllexport)
#else
#define DLL_EXPORT
#endif

// Funzione per calcolare la somma di due numeri interi
DLL_EXPORT int somma(int a, int b) {
    return a + b;
}
```

Spiegazione:

- Inclusione della libreria standard di input/output:

```
#include <stdio.h>
```

Questo include la libreria standard di input/output (stdio.h), che è necessaria per utilizzare funzioni come printf, anche se in questo esempio specifico non viene usata.

- Definizione condizionale del macro DLL_EXPORT:

```
#ifdef _WIN32
#define DLL_EXPORT __declspec(dllexport)
#else
#define DLL_EXPORT
#endif
```

Questa parte del codice è un esempio di compilazione condizionale che utilizza il preprocessore C per definire il macro DLL_EXPORT. Vediamo cosa succede nel dettaglio:

  - #ifdef _WIN32: questo controlla se è definito il macro _WIN32, che è automaticamente definito quando si compila il codice su un sistema operativo Windows.
  - #define DLL_EXPORT __declspec(dllexport): se _WIN32 è definito (cioè se si sta compilando su Windows), DLL_EXPORT viene definito come __declspec(dllexport). Questo specificatore indica al compilatore che la funzione dovrebbe essere esportata in una DLL (Dynamic-Link Library).
  - #else: se _WIN32 non è definito (cioè se si sta compilando su un altro sistema operativo, come Linux o macOS), viene eseguito il codice seguente.
  - #define DLL_EXPORT: In questo caso, DLL_EXPORT viene definito come una macro vuota, poiché non è necessario specificare l'esportazione delle funzioni in DLL su sistemi non Windows.
  - #endif: questo termina la direttiva condizionale #ifdef.

- Dichiarazione della funzione somma con il macro DLL_EXPORT:

```c
// Funzione per calcolare la somma di due numeri interi
DLL_EXPORT int somma(int a, int b) {
    return a + b;
}
```

Questa parte del codice definisce una funzione chiamata somma che prende due parametri interi (a e b) e restituisce la loro somma. La funzione è preceduta dal macro DLL_EXPORT, che espande a __declspec(dllexport) su Windows (rendendo la funzione esportabile in una DLL) o a niente su altri sistemi operativi.

Compilazione della libreria:

- Windows:

```
gcc -shared -o somma.dll somma.c
```

- Linux:

```
gcc -shared -o somma.so somma.c
```

Codice del programma principale (main.c):

```c
#include <stdio.h>

#ifdef _WIN32
#include <windows.h>
#else
#include <dlfcn.h>
#endif

typedef int (*SumFunc)(int, int);

int main() {
    // Carica la DLL
    #ifdef _WIN32
        HINSTANCE hDLL = LoadLibrary("somma.dll");
    #else
        void* hDLL = dlopen("./somma.so", RTLD_LAZY);
    #endif

    if (hDLL == NULL) {
```

```c
        fprintf(stderr, "Impossibile caricare la DLL\n");
        return 1;
    }

    // Ottieni il puntatore alla funzione dalla DLL
    typedef int (*SumFunc)(int, int);
    SumFunc somma;

    #ifdef _WIN32
        somma = (SumFunc)GetProcAddress(hDLL, "somma");
    #else
        somma = (SumFunc)dlsym(hDLL, "somma");
    #endif

    if (somma == NULL) {
        fprintf(stderr, "Impossibile trovare la funzione somma nella DLL\n");
        return 1;
    }

    // Utilizza la funzione dalla DLL
    int risultato = somma(3, 5);
    printf("La somma di 3 e 5 e': %d\n", risultato);

    // Chiudi la DLL
    #ifdef _WIN32
        FreeLibrary(hDLL);
    #else
        dlclose(hDLL);
    #endif

    return 0;
}
```

Spiegazione:

Questo esempio di codice dimostra come caricare e utilizzare dinamicamente una libreria, sia su sistemi operativi Windows che su Unix/Linux. Il processo è suddiviso in diverse fasi:

- Inclusione delle librerie appropriate: in base al sistema operativo, il codice include le librerie necessarie per gestire le operazioni di caricamento delle librerie dinamiche (windows.h per Windows e dlfcn.h per Unix/Linux).
- Definizione di un tipo di funzione: viene definito un tipo di funzione SumFunc che rappresenta un puntatore a una funzione che accetta due interi come

parametri e restituisce un intero. Questa definizione consente di riferirsi facilmente alla funzione somma all'interno della libreria dinamica.

- Caricamento della libreria dinamica: il codice utilizza LoadLibrary su Windows e dlopen su Unix/Linux per caricare la libreria dinamica contenente la funzione somma. Il nome della libreria cambia a seconda del sistema operativo: "somma.dll" per Windows e "somma.so" per Unix/Linux.
- Controllo del caricamento della libreria: dopo il tentativo di caricamento, il codice verifica se l'operazione è riuscita controllando se l'handle della libreria è NULL. In caso di fallimento, viene stampato un messaggio di errore e il programma termina.
- Ottenimento del puntatore alla funzione: una volta caricata la libreria, il codice utilizza GetProcAddress su Windows e dlsym su Unix/Linux per ottenere un puntatore alla funzione somma. Questo puntatore consente al programma di chiamare la funzione come se fosse una parte del codice principale.
- Controllo del puntatore alla funzione: il programma verifica se il puntatore alla funzione è NULL. Se non riesce a trovare la funzione somma nella libreria, viene stampato un messaggio di errore e il programma termina.
- Utilizzo della funzione: se tutto è andato a buon fine, il programma chiama la funzione somma con due argomenti (in questo caso, 3 e 5) e stampa il risultato.
- Chiusura della libreria: alla fine dell'uso, il programma chiude la libreria dinamica utilizzando FreeLibrary su Windows e dlclose su Unix/Linux per liberare le risorse.

Questo esempio mostra l'importanza della portabilità del codice, utilizzando direttive di preprocessore per gestire le differenze tra i due sistemi operativi. Illustra anche come le librerie dinamiche possano essere utilizzate per estendere le funzionalità di un programma senza la necessità di ricompilare l'intero codice, rendendo il software più modulare e flessibile.

Compilazione e esecuzione del programma principale:

- Windows:

```
gcc -o main.exe main.c
.\main
```

- Linux:

```
gcc -o main main.c -ldl
./main
```

CAPITOLO 3 - Distribuzione di Pacchetti Python con Setuptools

Nell'interfacciare linguaggi di programmazione come C e Python, uno degli aspetti cruciali è la distribuzione efficace del software che ne deriva. Setuptools è uno strumento fondamentale per chiunque lavori con Python, in particolare quando si tratta di creare e distribuire moduli che integrano componenti C. Questo modulo, infatti, semplifica notevolmente il processo di packaging e distribuzione di estensioni Python scritte in C, facilitando la creazione di pacchetti installabili tramite pip, il gestore di pacchetti di Python.

Il motivo per cui setuptools è così importante in contesti che coinvolgono l'uso di librerie come ctypes e CFFI è doppio. Primo, permette agli sviluppatori di compilare e collegare automaticamente il codice C alle interfacce Python durante l'installazione del pacchetto. Questo riduce significativamente la complessità per l'utente finale, che può installare il modulo senza doversi preoccupare delle specifiche di compilazione o delle dipendenze di sistema. In questo capitolo, esploreremo in dettaglio questo strumento.

Setuptools è una libreria avanzata che supera le capacità del suo predecessore, distutils, offrendo funzionalità più ricche e flessibili per la creazione, distribuzione e installazione di pacchetti Python.

La comprensione di setuptools è fondamentale non solo per distribuire software Python in generale, ma diventa cruciale quando ci si impegna nella creazione di pacchetti che includono estensioni C.

Setuptools offre gli strumenti necessari per automatizzare e semplificare questi compiti complessi. Impareremo come definire la configurazione di un pacchetto Python in modo che includa componenti nativi, gestire le dipendenze e garantire che il pacchetto finale sia facile da installare per gli utenti finali, indipendentemente dalla loro piattaforma.

Affrontare prima setuptools ci permetterà di costruire una solida base di conoscenze e competenze. Questa base è indispensabile per approfittare appieno delle potenzialità di Python nell'integrazione con il codice C, un argomento che sarà trattato ampiamente nei capitoli a venire. Esploreremo un esempio pratico che dimostrerà come setuptools faciliti il processo di creazione di pacchetti complessi, permettendoci di concentrarci sulle parti del nostro software che realmente necessitano di ottimizzazione e personalizzazione avanzata.

Iniziando con una panoramica completa di setuptools, questo capitolo si propone di equipaggiarti con tutte le informazioni necessarie per navigare con sicurezza nel mondo della distribuzione di software Python. Seguendo questa introduzione, sarai pronto ad affrontare le sfide tecniche descritte nei prossimi capitoli, garantendo che il tuo lavoro con Python e C sia non solo produttivo ma anche piacevolmente efficiente.

Installazione di setuptools

Setuptools è una libreria indispensabile per chiunque voglia lavorare con la distribuzione di pacchetti Python. È particolarmente utile per sviluppare e distribuire moduli Python che incorporano componenti scritti in C, come vedremo nei capitoli successivi. Ecco come puoi installare setuptools sul tuo sistema e assicurarti che sia pronto all'uso.

Setuptools è compatibile con Python 2.7 e tutte le versioni più recenti di Python 3. Il modo più semplice per installare setuptools è utilizzare pip, il gestore di pacchetti di Python. Per installare l'ultima versione, apri il terminale e digita:

```
pip install --upgrade setuptools
```

Se sul tuo sistema python3 è la versione predefinita, potresti dover usare pip3:

```
pip3 install --upgrade setuptools
```

Dopo aver installato setuptools, è una buona pratica verificare che l'installazione sia stata completata correttamente. Puoi farlo controllando la versione installata. Questo passaggio confermerà non solo che setuptools è installato, ma anche che stai lavorando con la versione che ti aspetti. Esegui il seguente comando nel terminale:

```
pip show setuptools
```

Questo comando restituirà informazioni sulla versione di setuptools installata, insieme ad altri dettagli come la posizione dell'installazione e le dipendenze del pacchetto. Se il comando non genera alcun output, significa che setuptools potrebbe non essere installato correttamente e potrebbe essere necessario ripetere il processo di installazione.

Configurazione del file setup.py

Il file setup.py è il cuore di un pacchetto Python. Esso contiene tutte le informazioni necessarie per il pacchetto che stai sviluppando, inclusi metadati e dipendenze. Un file setup.py ben configurato assicura che il tuo pacchetto possa essere facilmente costruito e installato, sia da te stesso, che da altri utenti. Di seguito esploreremo la struttura di base di questo file e discuteremo i parametri comuni che sono spesso configurati per un pacchetto.

Struttura base di un file setup.py

Ecco un esempio di base di un file setup.py che utilizza setuptools:

```python
from setuptools import setup, find_packages

setup(
    name='nome_del_pacchetto',
    version='1.0.0',
    author='Tuo Nome',
    author_email='tuo.email@example.com',
    description='Una breve descrizione del pacchetto',
    long_description=open('README.md').read(),
```

```python
    long_description_content_type='text/markdown',
    url='http://github.com/tuo_username/nome_del_pacchetto',
    packages=find_packages(),
    install_requires=[
        'numpy',  # Aggiungi altre dipendenze necessarie
    ],
    classifiers=[
        'Development Status :: 3 - Alpha',
        'Intended Audience :: Developers',
        'License :: OSI Approved :: MIT License',
        'Programming Language :: Python :: 3',
        'Programming Language :: Python :: 3.7',
    ],
)
```

Parametri comuni nel file setup.py

- **name**: il nome del pacchetto. Questo è il nome sotto cui il pacchetto sarà conosciuto e installato (es. via pip).
- **version**: la versione del pacchetto. È importante mantenere una gestione consistente della versione seguendo, per esempio, il versionamento semantico, che si basa su una serie di regole e convenzioni che definiscono come i numeri di versione debbano essere assegnati e modificati in risposta a specifiche alterazioni nel software. Una versione tipica sotto il sistema SemVer è espressa come "MAJOR.MINOR.PATCH", dove:
    - MAJOR: il numero principale aumenta quando ci sono cambiamenti incompatibili nell'API, che potrebbero non funzionare con le versioni precedenti del software.
    - MINOR: il numero secondario aumenta quando vengono introdotte nuove funzionalità in modo compatibile con le versioni precedenti, ovvero le nuove funzionalità non interrompono le integrazioni esistenti.
    - PATCH: il numero di patch aumenta quando vengono apportate correzioni di bug compatibili con le versioni precedenti, senza introdurre nuove funzionalità o cambiamenti significativi.

Oltre a questi tre numeri principali, il versionamento semantico può includere anche suffissi per pre-release e build metadata. Ad esempio, una versione potrebbe apparire come 2.3.1-beta.1, dove "beta.1" indica che si tratta di una pre-release.

- **author** e **author_email**: nome dell'autore del pacchetto e contatto email per il supporto o feedback.
- **description**: una breve descrizione del pacchetto, che appare nei listing di PyPI.
- **long_description**: una descrizione dettagliata del pacchetto, spesso usata per includere il contenuto del file README.md.
- **long_description_content_type**: indica il formato della long_description, tipicamente text/markdown o text/plain.
- **url**: URL del progetto, dove gli utenti possono trovare il codice sorgente e altre informazioni (ad esempio, un link a GitHub).
- **packages**: specifica quali directory includere come pacchetti Python. find_packages() automaticamente cerca e include tutte le directory che contengono un file __init__.py.
- **install_requires**: elenco delle dipendenze necessarie per installare e eseguire il pacchetto. Queste verranno installate automaticamente da pip durante l'installazione del pacchetto (vedi sezione successiva).
- **classifiers**: un elenco di classificatori che aiutano a categorizzare il pacchetto su PyPI in base al tipo di sviluppo, pubblico di riferimento, licenza e versioni di Python supportate.

Includere moduli e pacchetti

L'argomento packages in setup() determina quali moduli e pacchetti vengono inclusi nel pacchetto distribuito. Usando la funzione find_packages(), setuptools cercherà automaticamente tutte le cartelle che contengono un file __init__.py, trattandole come pacchetti Python. Questo assicura che tutti i tuoi moduli siano inclusi nel pacchetto finale, a meno che non siano esclusi esplicitamente.

Per escludere specifici moduli o pacchetti, puoi usare l'argomento exclude di find_packages():

```
packages=find_packages(exclude=['tests', 'tests.*'])
```

Questo eviterà di includere qualsiasi cosa della directory tests nel pacchetto finale, mantenendo il pacchetto leggero e libero da codice non necessario per gli utenti finali.

Gestione delle dipendenze

Quando sviluppi un pacchetto Python, è cruciale definire chiaramente le dipendenze esterne necessarie per il suo funzionamento. Questo non solo facilita l'installazione da parte degli utenti, ma garantisce anche che il pacchetto operi come previsto in ambienti diversi. Setuptools offre potenti strumenti per gestire queste dipendenze, principalmente tramite gli argomenti install_requires e extras_require nel file setup.py.

Specificare le dipendenze del pacchetto

install_requires: l'argomento install_requires in setup() è usato per elencare le librerie di cui il tuo pacchetto ha bisogno per funzionare correttamente. Queste dipendenze verranno automaticamente installate da pip durante l'installazione del tuo pacchetto. È importante specificare la versione delle librerie per evitare conflitti e assicurare la compatibilità. Ecco un esempio di come potresti configurare install_requires:

```
setup(
    ...
    install_requires=[
        'numpy>=1.18.5',
        'pandas>=1.0.5',
        'requests>=2.24.0'
    ],
    ...
```

```
)
```

In questo esempio, il pacchetto richiede almeno la versione 1.18.5 di numpy, la versione 1.0.5 di pandas, e la versione 2.24.0 di requests. Specificare versioni specifiche è cruciale per prevenire la "dependency hell", dove conflitti tra dipendenze possono rendere il software instabile o inutilizzabile.

Uso di extras_require

Mentre install_requires è utilizzato per le dipendenze essenziali, extras_require permette di specificare dipendenze opzionali. Queste sono utili per funzionalità opzionali che non tutti gli utenti del tuo pacchetto potrebbero necessitare. Gli utenti possono installare queste dipendenze opzionali usando la sintassi [extra] con pip. Ecco come puoi configurare extras_require:

```
setup(
    ...
    extras_require={
        'PDF':  ['reportlab>=3.5.34'],
        'CSV':  ['csvkit>=1.0.4']
    },
    ...
)
```

In questo esempio, abbiamo definito due set di dipendenze opzionali: una per utenti che necessitano di generare PDF (PDF) e un'altra per quelli interessati all'elaborazione di file CSV (CSV). Gli utenti possono installare queste funzionalità extra specificando il nome dell'extra durante l'installazione, come mostrato qui:

```
pip install nome_del_pacchetto[PDF]
```

Questo installerà il pacchetto insieme alle dipendenze richieste per la generazione di PDF.

Distribuzione del pacchetto

Una volta che il tuo pacchetto Python è pronto e tutte le dipendenze sono state correttamente definite nel file setup.py, il passo successivo è la distribuzione. Distribuire il tuo pacchetto consente ad altri sviluppatori e utenti di installarlo e utilizzarlo nei loro progetti. Questa sezione copre il processo di creazione di pacchetti distribuibili e fornisce consigli per ottimizzare la distribuzione.

Creazione di pacchetti distribuibili (wheel e sdist)

La distribuzione di un pacchetto Python tipicamente implica la creazione di un "source distribution" (sdist) e/o un "wheel".

- sdist: un pacchetto di tipo sdist contiene i file sorgente del tuo pacchetto, inclusi i file Python, i dati e i file di configurazione. Gli utenti devono avere Python installato sul loro sistema per compilare e installare un sdist.
- wheel: il formato wheel (*.whl) è un pacchetto binario precompilato, che offre una installazione più veloce rispetto agli sdist e non richiede una compilazione durante l'installazione. È il formato consigliato per la maggior parte dei pacchetti Python, specialmente quelli che includono estensioni C.

Per creare entrambi i tipi di pacchetti, puoi usare il seguente comando nel tuo ambiente Python:

```
python setup.py sdist bdist_wheel
```

Questo comando genera un file sdist e un wheel nella directory dist/ del tuo progetto. Assicurati di avere wheel installato nel tuo ambiente Python prima di eseguire il comando:

```
pip install wheel
```

Consigli per l'ottimizzazione della distribuzione

- Pulizia del pacchetto: prima di creare il pacchetto distribuibile, assicurati di escludere file non necessari come test, documentazione e file di configurazione temporanei, che non sono necessari per l'installazione o l'esecuzione del pacchetto. Puoi usare il file MANIFEST.in per specificare quali file includere o escludere.
- Versionamento semantico: usa il versionamento semantico descritto in precedenza (major.minor.patch) per aiutare gli utenti a comprendere il tipo di cambiamenti che il tuo pacchetto ha subito tra una release e l'altra.
- Testing su piattaforme multiple: prima della distribuzione, testa il tuo pacchetto su diverse piattaforme e versioni di Python per assicurarti che sia compatibile e funzioni come previsto in vari ambienti.
- Documentazione chiara: fornisci una documentazione chiara e dettagliata, inclusi esempi di uso del pacchetto, requisiti di sistema e note di installazione. Questo aiuterà gli utenti a utilizzare il tuo pacchetto più facilmente e può ridurre il numero di problemi riscontrati dagli utenti.
- Utilizza PyPI: carica il tuo pacchetto su PyPI (Python Package Index) per renderlo facilmente accessibile alla comunità Python globale. Assicurati che il nome del pacchetto sia unico e non già in uso su PyPI.
- Automazione: considera di utilizzare strumenti come GitHub Actions o GitLab CI per automatizzare la creazione e il caricamento dei pacchetti a PyPI ogni volta che pubblichi una nuova versione nel repository del codice sorgente.

Caricamento del progetto su PyPy

PyPI, il Python Package Index, è il repository principale per la distribuzione di pacchetti Python. Pubblicare il tuo pacchetto su PyPI lo rende accessibile a milioni di sviluppatori in tutto il mondo, permettendo loro di installarlo facilmente tramite pip. Questa sezione descrive come configurare e usare Twine per un caricamento sicuro su PyPI, oltre a fornire strategie per la gestione delle versioni e degli aggiornamenti del pacchetto.

Configurazione di Twine per il caricamento sicuro

Twine è uno strumento consigliato per caricare pacchetti su PyPI perché non esegue il codice del pacchetto durante il caricamento, offrendo un livello di sicurezza superiore rispetto a python setup.py upload. Per iniziare con Twine:

- Installazione di Twine: se non hai già Twine installato, puoi farlo tramite pip:

```
pip install twine
```

- Configurazione delle credenziali: prima di caricare un pacchetto su PyPI, devi configurare le tue credenziali. È consigliabile usare un token API anziché la password del tuo account. Puoi generare un token API accedendo al tuo account PyPI e navigando nella sezione API token. Salva il tuo token API in un luogo sicuro. Puoi configurare Twine per usare questo token in uno dei seguenti modi:
    - Impostando una variabile di ambiente:

    ```
    export TWINE_USERNAME=__token__
    export TWINE_PASSWORD=il_tuo_token_API
    ```

    - Utilizzando il file .pypirc nella tua home directory:

    ```
    [pypi]
    username = __token__
    password = il_tuo_token_API
    ```

Uso di Twine per caricare il pacchetto su PyPI

Dopo aver preparato il tuo pacchetto con python setup.py sdist bdist_wheel, puoi caricarlo su PyPI con Twine:

```
twine upload dist/*
```

Questo comando caricherà tutte le distribuzioni nella directory dist/ del tuo progetto su PyPI.

Gestione delle versioni e aggiornamenti del pacchetto

La gestione efficace delle versioni è cruciale per mantenere i pacchetti utilizzabili e sicuri:

- Aggiorna regolarmente il pacchetto: mantieni il pacchetto aggiornato con le ultime correzioni di sicurezza e migliorie. Pianifica rilasci regolari per mantenere il tuo pacchetto fresco e rilevante.
- Comunicazione delle modifiche: usa un file CHANGELOG per tenere traccia delle modifiche significative in ogni rilascio. Questo aiuta gli utenti a capire cosa è cambiato e se devono adottare precauzioni specifiche quando aggiornano.
- Pre-rilascio e rilascio stabile: considera l'utilizzo di pre-rilasci (ad esempio, alpha, beta) per testare nuove funzionalità con un gruppo limitato di utenti prima di un rilascio stabile.

Esempio: colorinfo

In questa sezione vediamo un esempio di un modulo Python molto semplice chiamato colorinfo. Questo modulo fornirà funzionalità per ottenere informazioni su colori predefiniti. Poi, preparerò tutto il necessario per generare e distribuire questo pacchetto seguendo le linee guida che abbiamo discusso nelle precedenti sezioni.

Struttura del progetto

Ecco come organizzare la struttura del progetto colorinfo:

```
colorinfo/
|
```

```
├── colorinfo/
│   ├── __init__.py
│   └── colors.py
├── dist/  (generata automaticamente con i comandi di packaging)
├── tests/
│   ├── __init__.py
│   └── test_colors.py
├── README.md
├── LICENSE
└── setup.py
```

Codice sorgente

Il modulo colors.py conterrà una funzione per ottenere il nome del colore in base al codice esadecimale:

```python
# colorinfo/colors.py
def get_color_name(hex_code):
    color_mapping = {
        "#FF0000": "Red",
        "#00FF00": "Green",
        "#0000FF": "Blue",
        "#FFFF00": "Yellow",
        "#FF00FF": "Magenta",
        "#00FFFF": "Cyan"
    }
    return color_mapping.get(hex_code.upper(), "Unknown")
```

E __init__.py per rendere importabile il nostro modulo:

```python
# colorinfo/__init__.py
from .colors import get_color_name
```

File README.md

```
# ColorInfo

ColorInfo è un semplice pacchetto Python per ottenere il nome di un colore a
partire dal suo codice esadecimale.

## Installazione
```

Puoi installare ColorInfo usando pip:

```bash
pip install colorinfo
```

Utilizzo

Ecco come usare colorInfo:

```
from colorinfo import get_color_name
print(get_color_name("#FF0000"))
```

Questo codice stamperà Red. Vediamo adesso il file setup.py:

File setup.py

```python
# setup.py
from setuptools import setup, find_packages

setup(
    name='colorinfo',
    version='0.1.0',
    author='Il Tuo Nome',
    author_email='tuo.email@example.com',
    description='Ottieni il nome di un colore da un codice esadecimale',
    long_description=open('README.md').read(),
    long_description_content_type='text/markdown',
    url='http://github.com/tuo_username/colorinfo',
    packages=find_packages(),
    classifiers=[
        'Development Status :: 3 - Alpha',
        'Intended Audience :: Developers',
        'License :: OSI Approved :: MIT License',
        'Programming Language :: Python :: 3',
        'Programming Language :: Python :: 3.7',
    ],
)
```

Test

Il file test_colors.py per testare il nostro modulo:

```
# tests/test_colors.py
import sys
```

```python
import os
sys.path.append(os.path.abspath(os.path.join(os.path.dirname(__file__), '..')))

import unittest
from colorinfo import get_color_name

class TestColors(unittest.TestCase):
    def test_get_color_name(self):
        self.assertEqual(get_color_name("#FF0000"), "Red")
        self.assertEqual(get_color_name("#00FF00"), "Green")
        self.assertEqual(get_color_name("#0000FF"), "Blue")
        self.assertEqual(get_color_name("#FFFFFF"), "Unknown")

if __name__ == '__main__':
    unittest.main()
```

Un approccio molto comune per gestire i test in Python è utilizzare strumenti come pytest, che può automaticamente rilevare e gestire i percorsi dei pacchetti più facilmente. Per usare pytest, dovrai prima installarlo:

```
pip install pytest
```

Poi puoi semplicemente eseguire pytest dalla directory root del tuo progetto:

```
pytest
```

pytest cercherà automaticamente i file di test in tutte le sottodirectory e eseguirà i test definiti.

Distribuzione

- Prima di tutto, assicurati di avere twine e wheel installati:

```
pip install twine wheel
```

- Genera i pacchetti:

```
python setup.py sdist bdist_wheel
```

- Carica il pacchetto su PyPI usando Twine:

```
twine upload dist/*
```

Questo esempio illustra come creare un modulo Python semplice, configurare setup.py, scrivere test di base, e preparare tutto per la distribuzione su PyPI.

CAPITOLO 4 - Utilizzo delle API Python in C

Le API Python, formalmente conosciute come Python/C API, costituiscono un'interfaccia di programmazione essenziale per sviluppatori che desiderano integrare il linguaggio di scripting Python all'interno dei loro programmi C. Questa interfaccia offre un vasto insieme di funzioni e strutture dati progettate per manipolare oggetti Python, eseguire script Python e incorporare l'interprete Python direttamente nelle applicazioni scritte in C. Grazie a queste API, è possibile estendere le funzionalità di un programma C utilizzando strumenti e librerie disponibili in Python, creando soluzioni ibride che sfruttano i punti di forza di entrambi i linguaggi.

L'importanza di Conoscere le API Python

Prima di esplorare strumenti avanzati come CFFI, ctypes e SWIG per una efficace interazione tra Python e C, è fondamentale comprendere e padroneggiare le API Python/C. Ecco alcune ragioni chiave:

- Fondamenta solide: le API Python rappresentano il fondamento su cui si basano molti degli strumenti e librerie utilizzati per l'integrazione tra Python e altri linguaggi. Comprendere a fondo queste API offre una base solida, facilitando l'apprendimento e l'utilizzo di strumenti più avanzati. Ad esempio, molte delle funzionalità offerte da CFFI e ctypes sono implementate utilizzando le API Python sottostanti.
- Controllo granulare: le API Python forniscono un controllo dettagliato e preciso sull'interazione tra il codice C e Python. Questo livello di controllo è essenziale per gestire correttamente la creazione, la manipolazione e la distruzione degli oggetti Python all'interno di applicazioni C. Per esempio, le API permettono di

gestire la memoria in modo efficiente, prevenendo perdite di memoria e migliorando le prestazioni complessive del programma.

- Personalizzazione avanzata: con una conoscenza approfondita delle API Python, è possibile personalizzare e ottimizzare l'interazione tra codice C e Python in base alle specifiche esigenze della loro applicazione. Ciò include la possibilità di creare estensioni Python personalizzate, ottimizzare algoritmi critici in C per prestazioni superiori, e gestire chiamate a funzioni Python in modo sincrono o asincrono, a seconda dei requisiti del progetto.

- Integrazione profonda: le API Python permettono un'integrazione profonda e bidirezionale tra codice C e Python, permettendo di sfruttare appieno le potenzialità di entrambi i linguaggi. Questo livello di integrazione è cruciale per progetti complessi che richiedono l'uso combinato di librerie o moduli scritti in C e Python. Ad esempio, un'applicazione scientifica potrebbe utilizzare librerie di calcolo numerico in C per performance ottimali, mentre sfrutta le capacità di scripting di Python per flessibilità e facilità di sviluppo.

- Gestione delle eccezioni e debug: le API Python offrono strumenti avanzati per la gestione delle eccezioni e il debug del codice. Gli sviluppatori possono intercettare e gestire le eccezioni Python direttamente nel codice C, permettendo una gestione degli errori più robusta e una diagnosi dei problemi più efficace.

Acquisire familiarità con le API Python non solo fornisce le competenze di base necessarie per integrare Python nelle applicazioni C in modo efficace e efficiente, ma prepara anche il terreno per l'utilizzo di strumenti più avanzati. Questa conoscenza è un prerequisito fondamentale per chiunque desideri sfruttare appieno le potenzialità combinata dei due linguaggi, facilitando lo sviluppo di soluzioni innovative e performanti.

Eseguire uno script da codice C utilizzando le API Python

Eseguire uno script Python all'interno di un programma scritto in linguaggio C è una delle operazioni fondamentali offerte dalle Python/C API. Questo processo permette di integrare la potenza e la flessibilità di Python all'interno delle applicazioni C, facilitando l'uso di librerie Python, la manipolazione di dati complessi e l'automazione di task. Di seguito viene presentata una guida completa ed esaustiva su come eseguire uno script Python utilizzando le Python/C API.

Passaggi per Eseguire uno Script Python

- Inizializzazione dell'Interprete Python:

Prima di eseguire qualsiasi script Python, è necessario inizializzare l'interprete Python. Questo passaggio prepara l'ambiente Python per l'esecuzione di codice.

```c
#include <Python.h>

int main(int argc, char *argv[]) {
    // Inizializza l'interprete Python
    Py_Initialize();
    // Il codice Python può essere eseguito da qui

    // Finalizza l'interprete Python prima di uscire
    Py_Finalize();
    return 0;
}
```

- Esecuzione di uno Script Python da un File:

Per eseguire uno script Python contenuto in un file, si può utilizzare una combinazione delle funzioni Py_BuildValue() e _Py_fopen_obj() per aprire il file e PyRun_SimpleFile() per eseguirlo.

```c
PyObject *obj = Py_BuildValue("s", "script.py");
FILE *file = _Py_fopen_obj(obj, "r+");
if (file != NULL) {
```

```
    PyRun_SimpleFile(file, "script.py");
} else {
    fprintf(stderr, "Could not open file script.py\n");
}
Py_XDECREF(obj);
```

- Gestione delle Eccezioni Python:

Durante l'esecuzione di codice Python, possono verificarsi delle eccezioni. È importante gestirle correttamente per evitare crash o comportamenti imprevisti. La funzione PyErr_Print() può essere utilizzata per stampare le informazioni sull'errore.

```
if (PyErr_Occurred()) {
    PyErr_Print();
}
```

- Redirezione dell'Output di Stderr a Stdout:

Per catturare tutti gli errori e assicurarsi che vengano visualizzati nel terminale, è possibile redirigere l'output di stderr su stdout.

```
PyRun_SimpleString("import sys\nsys.stderr = sys.stdout\n");
```

- Finalizzazione dell'Interprete Python:

Dopo aver eseguito lo script, è importante finalizzare l'interprete Python per liberare le risorse allocate.

```
Py_Finalize();
```

Esempio Completo

Di seguito è riportato un esempio completo che mette insieme i passaggi sopra descritti per eseguire uno script Python da un file, gestire le eccezioni e redirigere l'output:

```
#include <Python.h>
```

```c
int main(int argc, char *argv[]) {
    // Inizializza l'interprete Python
    Py_Initialize();

    // Redirige stderr a stdout per vedere eventuali errori
    PyRun_SimpleString("import sys\nsys.stderr = sys.stdout\n");

    // Verifica se il file può essere aperto
    PyObject *obj = Py_BuildValue("s", "script.py");
    FILE *file = _Py_fopen_obj(obj, "r+");
    if (file != NULL) {
        // Esegui lo script Python
        PyRun_SimpleFile(file, "script.py");

        // Chiudi il file
        fclose(file);
    } else {
        fprintf(stderr, "Could not open file script.py\n");
    }
    Py_XDECREF(obj);

    // Controlla se ci sono errori
    if (PyErr_Occurred()) {
        PyErr_Print();
    }

    // Finalizza l'interprete Python
    Py_Finalize();

    return 0;
}
```

Compilazione del Programma C:

Compila il programma C assicurandoti di includere i corretti flag per il collegamento alla libreria Python. Ad esempio:

Windows:

```
gcc -o main main.c -IC:\Python38\include -LC:\Python38\libs -lpython38
```

Unix:

```
gcc -o main main.c -I/usr/include/python3.8 -lpython3.8
```

Assicurati di sostituire python3.8 con la versione di Python installata sul tuo sistema, e soprattutto verifica che i path della cartelle include e libs siano corretti.

Posizionamento del File script.py:

Assicurati che il file script.py si trovi nella stessa directory in cui esegui il programma C o fornisci il percorso completo del file.

Esecuzione del Programma:

Esegui il programma compilato:

```
./main
```

Se script.py contiene il seguente codice:

```python
print("Hello Python API")

def greet(name):
    print(f"Hello, {name}")

greet("world")
```

L'output atteso sarà:

```
Hello Python API
Hello, world
```

Debugging e Risoluzione dei Problemi

- Verifica del Percorso del File: se non vedi alcun output, assicurati che il file script.py si trovi nel percorso corretto e abbia i permessi di lettura adeguati.
- Permessi del File: verifica che script.py abbia i permessi corretti per essere letto. Windows:

```
icacls script.py /grant Everyone:R
```

Unix:

```
chmod +r script.py
```

- Output di Debug: aggiungi ulteriori messaggi di debug nel codice C per verificare i punti in cui il programma potrebbe interrompersi.

```
printf("Inizializzazione completata\n");
printf("File script.py aperto correttamente\n");
printf("Script eseguito\n");
```

Seguendo questi passaggi, dovresti essere in grado di eseguire uno script Python da un programma C utilizzando le API Python/C, gestire le eccezioni e redirigere l'output per facilitare il debugging.

Chiamare funzioni e oggetti Python

In questa sezione esploreremo in dettaglio come utilizzare le API Python in linguaggio C per chiamare funzioni e gestire oggetti definiti in un modulo Python. L'obiettivo è mostrare come importare moduli, estrarre riferimenti a funzioni e classi, creare argomenti per le funzioni e chiamare metodi delle classi dal codice C. Comprendere questi concetti è fondamentale per chiunque desideri integrare le potenti funzionalità di Python all'interno delle applicazioni C.

Vediamo alcuni dei concetti chiave.

- PyObject:

PyObject è il tipo di base utilizzato per rappresentare gli oggetti Python nel codice scritto in C. Questo tipo è un puntatore generico che può fare riferimento a qualsiasi oggetto Python, inclusi numeri, stringhe, liste, tuple, dizionari, funzioni e altri tipi di oggetti. Nel contesto delle API Python per il linguaggio C, PyObject è fondamentale poiché fornisce un'interfaccia comune per manipolare gli oggetti Python da codice C.

- Py_DECREF:

Py_DECREF è una macro utilizzata per deallocare un riferimento a un oggetto Python. Quando si manipolano gli oggetti Python in C, è necessario gestire manualmente la memoria per evitare memory leaks. Quando un oggetto Python non è più utilizzato, il suo contatore dei riferimenti deve essere decrementato. Se il contatore dei riferimenti raggiunge zero, l'oggetto viene deallocato dalla memoria utilizzando la macro Py_DECREF.

- Py_INCREF:

Py_INCREF è una macro complementare a Py_DECREF che incrementa il contatore dei riferimenti di un oggetto Python. È utile quando si crea un nuovo riferimento a un oggetto, assicurandosi che non venga deallocato prematuramente.

- PyTuple_Pack:

PyTuple_Pack è una funzione utilizzata per creare una nuova tupla Python contenente un numero variabile di elementi. Questa funzione accetta un numero arbitrario di argomenti di tipo PyObject* e restituisce un nuovo oggetto tupla che contiene gli argomenti passati. Questo è utile quando si desidera passare più argomenti a una funzione Python da codice C.

- PyObject_GetAttrString:

PyObject_GetAttrString è una funzione utilizzata per ottenere un attributo di un oggetto Python utilizzando il suo nome come stringa. Questa funzione accetta due argomenti: un puntatore a un oggetto Python e il nome dell'attributo come stringa. Restituisce un nuovo riferimento all'attributo dell'oggetto, consentendo di accedere e manipolare gli attributi degli oggetti Python da codice C.

- PyObject_CallObject:

PyObject_CallObject è una funzione utilizzata per chiamare un oggetto Python come una funzione, passando un singolo argomento. Questa funzione accetta due argomenti: un puntatore a un oggetto Python che rappresenta una funzione e un puntatore a un oggetto Python che rappresenta l'argomento da passare alla funzione. Restituisce un nuovo oggetto che rappresenta il risultato della chiamata alla funzione, consentendo di eseguire funzioni Python da codice C.

- PyLong_AsLong:

PyLong_AsLong è una funzione utilizzata per ottenere il valore di un oggetto Python di tipo intero come un valore long in C. Questa funzione accetta un puntatore a un oggetto Python di tipo intero come argomento e restituisce il valore intero dell'oggetto Python come un valore long in C. È utile quando si desidera accedere al valore di un oggetto intero Python da codice C.

- PyLong_FromLong:

PyLong_FromLong è una funzione che crea un nuovo oggetto Python di tipo intero a partire da un valore long in C. Questa funzione accetta un valore long come argomento e restituisce un puntatore a un nuovo oggetto Python che rappresenta questo valore intero. È utile per convertire valori interi da C a Python.

- Py_BuildValue:

Py_BuildValue è una funzione versatile utilizzata per creare oggetti Python da valori C. Questa funzione accetta una stringa di formato che specifica i tipi degli argomenti successivi e crea un oggetto Python corrispondente. Ad esempio, Py_BuildValue("i", 123) crea un oggetto Python intero con valore 123.

- PyArg_ParseTuple:

PyArg_ParseTuple è una funzione utilizzata per convertire argomenti Python passati a una funzione C in variabili C. Accetta una tupla di argomenti Python, una stringa di formato e una serie di puntatori alle variabili C in cui salvare i valori estratti. Ad esempio, PyArg_ParseTuple(args, "i", &myint) estrae un intero dall'argomento args e lo salva in myint.

- PyErr_SetString:

PyErr_SetString è una funzione utilizzata per impostare un'eccezione in Python. Accetta un tipo di eccezione e una stringa di messaggio, consentendo di segnalare errori dalle funzioni C alle chiamate Python. Ad esempio, PyErr_SetString(PyExc_RuntimeError, "An error occurred") solleva un'eccezione RuntimeError con il messaggio specificato.

- PyList_New:

PyList_New è una funzione che crea una nuova lista Python con una dimensione specificata. Accetta un intero che rappresenta la lunghezza della lista e restituisce un puntatore a un nuovo oggetto lista.

```
PyObject* list = PyList_New(3); // Crea una lista Python con 3 elementi (tutti inizialmente NULL)
```

- PyList_SetItem:

PyList_SetItem è una funzione utilizzata per impostare un elemento in una lista Python a un indice specifico. Accetta il puntatore alla lista, l'indice e il puntatore all'oggetto da inserire. Importante: trasferisce la proprietà dell'oggetto alla lista (non incrementa il contatore dei riferimenti).

```
PyList_SetItem(list, 0, PyLong_FromLong(42)); // Imposta il primo elemento della lista a 42
```

- PyList_GetItem:

PyList_GetItem è una funzione utilizzata per ottenere un elemento da una lista Python a un indice specifico. Accetta il puntatore alla lista e l'indice e restituisce un puntatore all'oggetto.

```
PyObject* item = PyList_GetItem(list, 0); // Ottiene il primo elemento della lista
```

- PyDict_New:

PyDict_New è una funzione che crea un nuovo dizionario Python vuoto. Restituisce un puntatore a un nuovo oggetto dizionario.

```
PyObject* dict = PyDict_New(); // Crea un nuovo dizionario Python vuoto
```

- PyDict_SetItemString:

PyDict_SetItemString è una funzione utilizzata per impostare un valore in un dizionario Python utilizzando una chiave di tipo stringa. Accetta il puntatore al dizionario, la chiave come stringa e il puntatore all'oggetto valore.

```
PyDict_SetItemString(dict, "key", PyLong_FromLong(123)); // Imposta il valore 123
con la chiave "key"
```

- PyDict_GetItemString:

PyDict_GetItemString è una funzione utilizzata per ottenere un valore da un dizionario Python utilizzando una chiave di tipo stringa. Accetta il puntatore al dizionario e la chiave come stringa e restituisce un puntatore all'oggetto valore.

```
PyObject* value = PyDict_GetItemString(dict, "key"); // Ottiene il valore associato alla chiave "key"
```

- PyUnicode_FromString:

PyUnicode_FromString è una funzione che crea un nuovo oggetto stringa Python da una stringa C. Accetta una stringa C come argomento e restituisce un puntatore a un nuovo oggetto stringa Python.

```
PyObject* py_str = PyUnicode_FromString("Hello, Python!"); // Crea una stringa
Python "Hello, Python!"
```

- PyUnicode_AsUTF8:

PyUnicode_AsUTF8 è una funzione che restituisce un puntatore a una stringa UTF-8 rappresentante l'oggetto stringa Python passato. Accetta un puntatore a un oggetto stringa Python e restituisce un puntatore a una stringa UTF-8.

```
const char* c_str = PyUnicode_AsUTF8(py_str); // Converte l'oggetto stringa Python
in una stringa C UTF-8
```

- PyBool_FromLong:

PyBool_FromLong è una funzione che crea un oggetto booleano Python (True o False) da un valore long in C. Accetta un valore long (0 per False, qualsiasi altro valore per True) e restituisce un puntatore a un oggetto booleano Python.

```
PyObject* py_true = PyBool_FromLong(1); // Crea l'oggetto booleano Python True
PyObject* py_false = PyBool_FromLong(0); // Crea l'oggetto booleano Python False
```

- PyErr_Occurred:

PyErr_Occurred è una funzione che verifica se si è verificata un'eccezione in Python. Restituisce un puntatore al tipo di eccezione se un'eccezione è stata sollevata, altrimenti restituisce NULL.

```
if (PyErr_Occurred()) {
    // Gestisci l'eccezione
}
```

- PyErr_Print:

PyErr_Print è una funzione che stampa l'eccezione corrente e svuota il flag dell'eccezione. È utile per il debug quando si verifica un'eccezione e si desidera vedere un traceback.

```
if (PyErr_Occurred()) {
    PyErr_Print(); // Stampa l'eccezione corrente
}
```

- PyObject_Str:

PyObject_Str è una funzione che restituisce una rappresentazione stringa di un oggetto Python, equivalente alla chiamata di str() in Python. Accetta un puntatore a un oggetto Python e restituisce un nuovo riferimento a un oggetto stringa Python.

```
PyObject* str_obj = PyObject_Str(some_py_object); // Converte l'oggetto Python in una stringa Python
```

- PyImport_ImportModule:

PyImport_ImportModule è una funzione che importa un modulo Python per nome. Accetta una stringa C che rappresenta il nome del modulo e restituisce un puntatore al modulo importato.

```
PyObject* module = PyImport_ImportModule("module_name"); // Importa il modulo Python "mod
```

Esempio di utilizzo di funzioni e oggetti

L'esempio mostrato di seguito, illustra come utilizzare le API Python per chiamare funzioni e utilizzare oggetti Python da codice C.

- File mymodule.py

Il modulo Python mymodule.py contiene due funzioni e una classe:

```python
def sum_numbers(a, b):
    """
    Restituisce la somma di due numeri interi.

    :param a: Primo numero intero.
    :type a: int
    :param b: Secondo numero intero.
    :type b: int
    :return: La somma di a e b.
    :rtype: int
    """
    return a + b

def multiply_numbers(a, b):
```

```
    """
    Restituisce il prodotto di due numeri interi.

    :param a: Primo numero intero.
    :type a: int
    :param b: Secondo numero intero.
    :type b: int
    :return: Il prodotto di a e b.
    :rtype: int
    """
    return a * b


class Rectangle:
    """
    Rappresenta un rettangolo.

    :param width: Larghezza del rettangolo.
    :type width: int
    :param height: Altezza del rettangolo.
    :type height: int
    """

    def __init__(self, width, height):
        self.width = width
        self.height = height

    def area(self):
        """
        Calcola l'area del rettangolo.

        :return: L'area del rettangolo.
        :rtype: int
        """
        return self.width * self.height

    def perimeter(self):
        """
        Calcola il perimetro del rettangolo.

        :return: Il perimetro del rettangolo.
        :rtype: int
        """
        return 2 * (self.width + self.height)
```

- Codice di esempio in linguaggio C

```
#include <Python.h>
```

```c
int main() {
    // Inizializza l'interprete Python
    Py_Initialize();

    // Importa il modulo Python
    PyObject* pModule = PyImport_ImportModule("mymodule");

    // Estrai il riferimento alle funzioni dal modulo
    PyObject* pFunc_sum = PyObject_GetAttrString(pModule, "sum_numbers");
    PyObject* pFunc_multiply = PyObject_GetAttrString(pModule, "multiply_numbers");

    // Crea gli argomenti della funzione sum_numbers
    PyObject* pArgs_sum = PyTuple_Pack(2, PyLong_FromLong(3), PyLong_FromLong(4));

    // Chiamata alla funzione sum_numbers con gli argomenti
    PyObject* pResult_sum = PyObject_CallObject(pFunc_sum, pArgs_sum);

    // Elabora il risultato della chiamata
    if (pResult_sum != NULL) {
        printf("Risultato di sum_numbers: %ld\n", PyLong_AsLong(pResult_sum));
        Py_DECREF(pResult_sum);
    } else {
        PyErr_Print();
    }

    // Dealloca gli oggetti utilizzati per la chiamata a sum_numbers
    Py_DECREF(pArgs_sum);
    Py_DECREF(pFunc_sum);

    // Crea gli argomenti della funzione multiply_numbers
    PyObject* pArgs_multiply = PyTuple_Pack(2, PyLong_FromLong(5), PyLong_FromLong(6));

    // Chiamata alla funzione multiply_numbers con gli argomenti
    PyObject* pResult_multiply = PyObject_CallObject(pFunc_multiply, pArgs_multiply);

    // Elabora il risultato della chiamata
    if (pResult_multiply != NULL) {
        printf("Risultato di multiply_numbers: %ld\n", PyLong_AsLong(pResult_multiply));
        Py_DECREF(pResult_multiply);
    } else {
        PyErr_Print();
    }

    // Dealloca gli oggetti utilizzati per la chiamata a multiply_numbers
    Py_DECREF(pArgs_multiply);
    Py_DECREF(pFunc_multiply);
```

```c
    // Estrai il riferimento alla classe Rectangle dal modulo
    PyObject* pClass_Rectangle = PyObject_GetAttrString(pModule, "Rectangle");

    // Crea un'istanza della classe Rectangle
    PyObject* pArgs_Rectangle = PyTuple_Pack(2, PyLong_FromLong(5), PyLong_FromLong(6));
    PyObject*    pInstance_Rectangle   =    PyObject_CallObject(pClass_Rectangle, pArgs_Rectangle);

    // Chiamata al metodo area della classe Rectangle
    PyObject* pMethod_area = PyObject_GetAttrString(pInstance_Rectangle, "area");
    PyObject* pResult_area = PyObject_CallObject(pMethod_area, NULL);

    // Elabora il risultato del metodo area
    if (pResult_area != NULL) {
        printf("Area del rettangolo: %ld\n", PyLong_AsLong(pResult_area));
        Py_DECREF(pResult_area);
    } else {
        PyErr_Print();
    }

    // Dealloca gli oggetti utilizzati per la chiamata al metodo area
    Py_DECREF(pMethod_area);

    // Chiamata al metodo perimeter della classe Rectangle
    PyObject*  pMethod_perimeter  =  PyObject_GetAttrString(pInstance_Rectangle, "perimeter");
    PyObject* pResult_perimeter = PyObject_CallObject(pMethod_perimeter, NULL);

    // Elabora il risultato del metodo perimeter
    if (pResult_perimeter != NULL) {
        printf("Perimetro del rettangolo: %ld\n", PyLong_AsLong(pResult_perimeter));
        Py_DECREF(pResult_perimeter);
    } else {
        PyErr_Print();
    }

    // Dealloca gli oggetti utilizzati per la chiamata al metodo perimeter
    Py_DECREF(pMethod_perimeter);

    // Dealloca gli oggetti utilizzati per la creazione dell'istanza della classe Rectangle
    Py_DECREF(pArgs_Rectangle);
    Py_DECREF(pClass_Rectangle);
    Py_DECREF(pInstance_Rectangle);

    // Dealloca il modulo
    Py_DECREF(pModule);
```

```
    // Termina l'interprete Python
    Py_Finalize();

    return 0;
}
```

L'output che si ottiene eseguendo il programma sopra riportato, dopo averlo compilato, è il seguente:

```
Risultato di sum_numbers: 7
Risultato di multiply_numbers: 30
Area del rettangolo: 30
Perimetro del rettangolo: 22
```

In questo esempio dettagliato viene mostrato come utilizzare le API Python in linguaggio C per chiamare funzioni e utilizzare oggetti definiti in un modulo Python. Il codice di esempio dimostra l'importazione del modulo Python, l'estrazione dei riferimenti alle funzioni e alla classe, la creazione degli argomenti per le funzioni e la chiamata ai metodi della classe.

Conclusione

Questo capitolo ha avuto l'obiettivo di fornire una panoramica sull'utilizzo delle API Python/C per eseguire script, chiamare funzioni e gestire oggetti definiti in un modulo Python. Attraverso esempi pratici, abbiamo esplorato come importare moduli Python, estrarre riferimenti a funzioni e classi, creare argomenti per le funzioni e chiamare metodi delle classi dal codice C.

Abbiamo anche esaminato concetti chiave come PyObject, Py_DECREF, PyTuple_Pack, PyObject_GetAttrString, PyObject_CallObject e PyLong_AsLong, fondamentali per la manipolazione degli oggetti Python e l'interazione con l'interprete Python.

Questa guida rappresenta un punto di partenza per comprendere come integrare Python all'interno delle applicazioni C, ma le API Python offrono molte altre funzionalità avanzate e dettagliate che possono essere esplorate ulteriormente. Per una comprensione completa e per approfondimenti su aspetti più specifici, si rimanda alla documentazione ufficiale delle API Python, disponibile sul sito https://docs.python.org/3/c-api/.

Consultare la documentazione completa è essenziale per sfruttare appieno le potenzialità delle API Python/C e per garantire che il codice sia efficiente, sicuro e privo di errori.

CAPITOLO 5 - Libreria ctypes

La libreria ctypes è un modulo integrato di Python che offre un'interfaccia per l'interazione con codice scritto in C da Python. Essenzialmente, ctypes funge da ponte tra due mondi: il linguaggio di programmazione ad alto livello Python e il linguaggio di basso livello C.

Perché usare ctypes?

Ecco un elenco di validi motivi per cui conviene utilizzare questa libreria:

- **Accesso a librerie esterne**: spesso, ci sono librerie esterne scritte in C che potrebbero offrire funzionalità specifiche non disponibili in Python. Utilizzando ctypes, è possibile accedere a queste librerie direttamente da Python senza doverle riscrivere da zero.
- **Prestazioni ottimali**: le operazioni che richiedono prestazioni ottimali possono essere implementate in C per sfruttare la potenza e l'efficienza del linguaggio. Ctypes consente di chiamare direttamente le funzioni C dall'interno di Python, garantendo al contempo prestazioni elevate.
- **Integrazione con codice esistente**: molti progetti possono avere già una base di codice in C esistente. Ctypes offre un modo semplice per integrare questo codice preesistente con nuovi componenti Python, consentendo una transizione graduale verso Python senza dover riscrivere completamente il codice.
- **Flessibilità e portabilità**: essendo parte della libreria standard di Python, ctypes è disponibile su diverse piattaforme e sistemi operativi. Questa flessibilità consente di scrivere codice Python che funziona su molteplici ambienti senza dover modificare il codice sorgente.
- **Sviluppo rapido e prototipazione**: Python è noto per la sua sintassi semplice e intuitiva, che permette uno sviluppo rapido. Utilizzando ctypes, è

possibile sfruttare questa rapidità di sviluppo per creare prototipi rapidi e sperimentare con diverse implementazioni senza dover ricompilare il codice.

Dunque, ctypes si propone come uno strumento potente che consente di accedere a funzionalità ottimizzate in C, integrare codice esistente e ottenere prestazioni elevate senza sacrificare la flessibilità e la portabilità di Python. Nelle prossime sezioni di questo capitolo, esploreremo in dettaglio come utilizzare questa libreria per sfruttare al meglio le sue funzionalità.

Panoramica delle funzionalità di ctypes

In questa sezione, esploreremo le principali funzionalità offerte da questo modulo e come possono essere utilizzate per integrare codice C in un'applicazione Python.

1. Chiamata di funzioni C:

Una delle caratteristiche principali di ctypes è la capacità di chiamare funzioni definite in codice C direttamente da Python. Questo consente di utilizzare le funzionalità implementate in C all'interno di un'applicazione Python.

2. Passaggio di Argomenti:

ctypes supporta il passaggio di argomenti tra Python e C in modo trasparente. Questo include argomenti di diversi tipi come interi, float, stringhe, array e strutture.

3. Manipolazione di Tipi di Dati:

La libreria offre un'ampia gamma di tipi di dati che possono essere utilizzati per rappresentare i tipi di dati C in Python. Questi includono tipi primitivi come int e float, così come tipi più complessi come array e strutture.

4. Gestione della Memoria:

ctypes offre meccanismi per la gestione della memoria quando si lavora con puntatori e allocazione dinamica di memoria in C.

5. Importazione di Librerie Dinamiche:

Utilizzando ctypes, è possibile caricare dinamicamente librerie condivise (DLL su Windows, shared libraries su UNIX) e accedere alle funzioni e ai simboli definiti all'interno di esse.

6. Accesso a Variabili Globali:

È possibile accedere alle variabili globali definite in codice C. Ctypes consente di leggere e scrivere valori nelle variabili globali dal codice Python.

7. Callback di Funzioni:

È possibile definire funzioni di callback in Python che possono essere passate a funzioni C come argomenti. Questo consente di eseguire codice Python da funzioni C.

8. Debugging e Testing:

La libreria ctypes supporta il debugging e il testing di codice C da Python. Questo include la possibilità di eseguire il debug di funzioni C chiamate da Python e di testare il codice C direttamente da un ambiente Python.

Installazione e configurazione

La libreria ctypes è una parte integrante della libreria standard di Python, il che significa che non è necessario installarla separatamente. Tuttavia, è importante essere consapevoli di alcune considerazioni riguardo alla configurazione e all'uso. In questa sezione, esamineremo come assicurarci di avere tutte le dipendenze necessarie e di configurare correttamente l'ambiente di sviluppo.

1. Verifica della versione di Python:

Prima di tutto, assicurati di avere installata una versione di Python che includa ctypes. Se stai utilizzando una versione recente di Python (ad esempio Python 3.x), ctypes sarà già disponibile senza dover fare nulla. Puoi verificare la versione di Python eseguendo il comando:

```
python --version
```

2. Ambiente di Sviluppo:

Assicurati di avere un ambiente di sviluppo Python configurato correttamente sul tuo sistema. Puoi utilizzare un ambiente virtuale Python per mantenere pulite le dipendenze del progetto e per evitare conflitti tra versioni di librerie.

3. Gestione delle Dipendenze:

Se il tuo progetto richiede l'utilizzo di librerie C esterne, assicurati di avere installate le relative librerie e i file di intestazione sul tuo sistema. Questo è importante perché ctypes non include strumenti per la compilazione di codice C.

4. Configurazione di Compilatori e Linker:

Se prevedi di compilare codice C per l'uso con ctypes, assicurati di avere un compilatore C installato sul tuo sistema.

5. Creazione di Librerie Condivise:

Per utilizzare ctypes, avrai bisogno di librerie condivise (file .DLL su Windows, file .so su UNIX) che contengono le funzioni che desideri chiamare da Python. Assicurati di compilare le tue librerie condivise in modo appropriato e di renderle disponibili nel percorso di ricerca delle librerie del sistema.

Tipi di Dati Fondamentali in ctypes

Un aspetto cruciale dell'uso di ctypes è la sua capacità di definire e manipolare i tipi di dati primitivi compatibili con C. Questi consentono di gestire i dati in modo che siano interpretati correttamente sia da Python che dal codice C sottostante.

Ctypes fornisce una serie di tipi di dati primitivi che corrispondono direttamente ai tipi di dati in C. Utilizzare questi tipi è essenziale quando si lavora con ctypes per garantire che i dati passati tra Python e C siano di dimensioni e tipo appropriati. Ecco una panoramica dei principali tipi di dati fondamentali disponibili:

ctypes type	C type	Python type
c_bool	_Bool	bool (1)
c_char	char	1-character bytes object
c_wchar	wchar_t	1-character string
c_byte	char	int
c_ubyte	unsigned char	int
c_short	short	int
c_ushort	unsigned short	int
c_int	int	int
c_uint	unsigned int	int
c_long	long	int
c_ulong	unsigned long	int
c_longlong	__int64 or long long	int
c_ulonglong	unsigned __int64 or unsigned long long	int
c_size_t	size_t	int
c_ssize_t	ssize_t or Py_ssize_t	int
c_time_t	time_t	int
c_float	float	float
c_double	double	float
c_longdouble	long double	float
c_char_p	char* (NUL terminated)	bytes object or None
c_wchar_p	wchar_t* (NUL terminated)	string or None
c_void_p	void*	int or None

Utilizzo di ctypes per chiamare funzioni C da Python

Per utilizzare ctypes per chiamare una funzione C da Python, è necessario seguire alcuni passaggi chiave:

- Caricare la libreria C: usare ctypes.CDLL per caricare la libreria C.
  In ambiente Windows, quando si utilizza ctypes.CDLL per caricare una libreria, il sistema cerca automaticamente la DLL nelle directory di sistema standard, come System32. Tuttavia, è importante notare che per inserire una DLL in queste cartelle sono necessari i permessi di amministratore. Se la DLL non è presente nei percorsi di ricerca standard, è possibile specificare il percorso completo della DLL per garantire il suo caricamento corretto.
  D'altra parte, in ambiente Linux, ctypes.CDLL cerca nelle directory standard delle librerie condivise, come /lib e /usr/lib.
- Definire i tipi di argomenti e di ritorno: specificare i tipi di input e output delle funzioni C.
- Chiamare la funzione: usare gli oggetti funzione definiti per passare i parametri e chiamare la funzione.

Un aspetto cruciale da considerare quando si lavora con librerie esterne è la gestione delle eccezioni. È fondamentale gestire le eccezioni in modo sicuro per evitare che il programma si interrompa in modo inaspettato. Ad esempio, nel caso in cui la DLL non sia trovata, è possibile gestire l'eccezione FileNotFoundError in modo appropriato, ad esempio informando l'utente dell'assenza della DLL e fornendo indicazioni su come risolvere il problema.

Esempio

Supponiamo di avere una libreria C chiamata math.dll (mi limito a mostrare il tutto per target Windows, ma a questo punto dell'apprendimento sarai in grado di replicare anche per Unix) che contiene una funzione add definita come segue:

```c
// File: math.c
int add(int a, int b) {
    return a + b;
}
```

Ecco come potresti caricare e chiamare questa funzione in Python usando ctypes:

```python
from ctypes import CDLL, c_int

try:
    # Carica la libreria
    lib = CDLL('./math.dll')

    # Definisce i tipi di argomento e di ritorno per la funzione add
    lib.add.argtypes = (c_int, c_int)
    lib.add.restype = c_int

    # Chiamata alla funzione
    result = lib.add(5, 3)
    print('Il risultato è:', result)

except FileNotFoundError as e:
    print(f"{e}")
```

In questo esempio, la DLL è inserita nella stessa directory in cui si trova lo script Python che viene eseguito. Tuttavia, potrebbe essere inserita anche all'interno dei percorsi di ricerca di default del sistema. In tal caso, è possibile caricarla senza specificare il percorso completo, semplificando così il codice e rendendolo più portabile.

Esempio con Stringhe

Supponiamo di avere una libreria C chiamata greet.dll che contiene una funzione greet definita come segue:

```c
#include <stdio.h>
```

```c
#include <string.h>
#include <stdlib.h>

// Funzione che riceve una stringa e restituisce un nuovo saluto come stringa
char* greet(const char* name) {
    char* greeting = malloc(strlen(name) + 8);  // Alloca spazio per il nuovo stringa
    if (greeting == NULL) {
        return NULL;  // Gestione dell'errore di allocazione
    }
    sprintf(greeting, "Hello, %s", name);  // Formatta la stringa di saluto
    return greeting;  // Ritorna la nuova stringa
}

// Una funzione che libera la memoria allocata in greet
void free_greeting(char* greeting) {
    free(greeting);  // Libera la memoria allocata da greet
}
```

Ecco come potresti caricare e chiamare questa funzione in Python usando ctypes:

```python
from ctypes import CDLL, c_char_p

try:
    lib = CDLL('./greet.dll')

    # Definizione dei tipi per greet
    lib.greet.argtypes = (c_char_p,)
    lib.greet.restype = c_char_p

    # Definizione dei tipi per free_greeting
    lib.free_greeting.argtypes = (c_char_p,)

    # Chiamata a greet
    result = lib.greet(b'ctypes')
    print('Il risultato è:', result.decode())

    # Liberazione della memoria allocata da greet
    lib.free_greeting(result)
except FileNotFoundError as e:
    print(f"{e}")
```

Quando si lavora con stringhe in Python, specialmente nel contesto di interazione tra Python e C attraverso ctypes, spesso ci si imbatte nella necessità di convertire i dati di stringa tra formati che sono compatibili tra i due linguaggi. Questo porta alla necessità di usare il metodo decode() in Python.

Python gestisce le stringhe come oggetti di alto livello con supporto integrato per Unicode, il che significa che ogni stringa in Python 3 è di tipo str e codificata in UTF-8 per default. Al contrario, il linguaggio C gestisce le stringhe come array di caratteri (char[]) terminati da un carattere nullo (\0), comunemente noti come C strings, senza un'impostazione predefinita per la codifica Unicode.

Quando una stringa viene passata da C a Python attraverso ctypes, essa è tipicamente ricevuta come un tipo bytes o c_char_p. Questi tipi rappresentano dati grezzi di byte, privi di qualsiasi informazione di codifica. Per convertire questi byte in una stringa comprensibile e manipolabile in Python, è necessario interpretare (o "decodificare") i byte usando una codifica specifica, generalmente UTF-8.

Nell'esempio mostrato in precedenza, se non usassimo la funzione decode(), il risultato che otterremo sul terminale, sarebbe:

```
Il risultato è: b'Hello, ctypes'
```

Esempio con Puntatori

Supponiamo adesso di avere una libreria C chiamata pointer.dll che contiene una funzione get_array definita come segue:

```c
#include <stdlib.h>

// Funzione che restituisce un puntatore a un array statico di interi
int* get_array() {
    static int arr[5] = {10, 20, 30, 40, 50};
    return arr;  // Restituisce il puntatore all'array statico
}
```

Ecco come potresti caricare e chiamare questa funzione in Python usando ctypes:

```python
from ctypes import CDLL, POINTER, c_int
```

```python
try:
    # Carica la libreria
    lib = CDLL('./pointer.dll')

    # Definisce il tipo di ritorno della funzione get_array
    lib.get_array.restype = POINTER(c_int)

    # Chiamata alla funzione
    array_pointer = lib.get_array()

    # Stampa i valori dell'array
    for i in range(5):    # supponendo che l'array abbia 5 elementi
        print(array_pointer[i])
except FileNotFoundError as e:
    print(f"{e}")
```

La funzione get_array della libreria C restituisce un puntatore a un array statico di interi. Nel codice Python, viene caricata la libreria pointer.dll, viene definito il tipo di ritorno della funzione get_array come un puntatore a un intero utilizzando POINTER(c_int), e viene chiamata la funzione per ottenere il puntatore all'array. Infine, viene stampato il contenuto dell'array puntato.

Considerazioni:
L'utilizzo dei puntatori in ctypes consente di lavorare con dati complessi e strutture dati esistenti in librerie C. Tuttavia, è necessario prestare attenzione quando si lavora con puntatori, poiché possono portare a problemi di sicurezza come la dereferenziazione di puntatori non validi o la gestione errata della memoria.
È importante notare che ctypes non offre lo stesso livello di sicurezza di linguaggi come C o C++, quindi è fondamentale assicurarsi che i puntatori vengano utilizzati in modo corretto e sicuro per evitare errori e vulnerabilità del programma.
Quando si utilizzano puntatori in ctypes, è consigliabile seguire le migliori pratiche di programmazione, come:

- Assicurarsi che i puntatori puntino a dati validi e allocati correttamente.

- Gestire in modo appropriato la memoria allocata dinamicamente, evitando perdite di memoria o errori di accesso alla memoria.
- Utilizzare le funzioni di gestione della memoria fornite da ctypes, come create_string_buffer per creare buffer di stringhe e pointer per creare puntatori a tipi di dati complessi.
- Testare rigorosamente il codice che utilizza puntatori per individuare e correggere eventuali problemi di sicurezza o errori di accesso alla memoria.

Seguendo queste pratiche, è possibile utilizzare i puntatori in ctypes in modo efficace e sicuro per estendere le funzionalità dei programmi Python che interagiscono con librerie C esterne.

Utilizzo di ctypes per utilizzare strutture C

In questa sezione esploreremo come utilizzare le strutture (struct) in C tramite Python usando la libreria ctypes.

In ctypes, le strutture si definiscono ereditando dalla classe base Structure fornita dalla libreria. I campi della struttura vengono specificati in una lista di tuple (_fields_), dove ogni tupla contiene il nome del campo e il tipo di dato ctypes.

Esempio di Definizione di Struttura

Supponiamo di avere una struttura C per rappresentare un punto in un sistema di coordinate bidimensionale:

```
// File: struct.h
typedef struct {
    int x;
    int y;
} Point;
```

La corrispondente definizione in Python usando ctypes sarebbe:

```
from ctypes import Structure, c_int
```

```python
class Point(Structure):
    _fields_ = [("x", c_int),
                ("y", c_int)]
```

Dopo aver definito una struttura, è possibile usarla nelle chiamate di funzioni.

È necessario specificare i tipi degli argomenti e del valore di ritorno nelle definizioni delle funzioni nella libreria C.

Immagina una funzione C che calcola la distanza tra due punti:

```c
#include <math.h>

double distance(Point a, Point b) {
    return sqrt((a.x - b.x) * (a.x - b.x) + (a.y - b.y) * (a.y - b.y));
}
```

In Python, potresti configurare e chiamare questa funzione nel modo seguente:

```python
from ctypes import CDLL, Structure, c_int, c_double

# Definizione di una struttura Point che rappresenta un punto nel piano cartesiano.
class Point(Structure):
    _fields_ = [("x", c_int),   # Campo x di tipo intero.
                ("y", c_int)]   # Campo y di tipo intero.

try:
    # Carica la libreria struct.dll contenente la funzione distance.
    lib = CDLL('./struct.dll')

    # Specifica i tipi di argomenti e di ritorno per la funzione distance.
    lib.distance.argtypes = (Point, Point)  # Argomenti della funzione distance sono di tipo Point.
    lib.distance.restype = c_double  # Il tipo di ritorno della funzione distance è un double.

    # Crea due istanze di Point.
    p1 = Point(1, 2)  # Primo punto con coordinate (1, 2).
    p2 = Point(4, 6)  # Secondo punto con coordinate (4, 6).

    # Chiama la funzione distance della libreria DLL passando i due punti come argomenti.
    dist = lib.distance(p1, p2)  # La funzione restituisce la distanza tra i due punti.
```

```
    # Stampa il risultato.
    print('La distanza è:', dist)
except FileNotFoundError as e:
    # Gestisce l'eccezione se la DLL non viene trovata.
    print(f"{e}")
```

Utilizzo di ctypes per funzioni di callback

Le callback rappresentano un concetto fondamentale nella programmazione, particolarmente rilevante in linguaggi come C e C++. Sebbene chiunque conosca profondamente il linguaggio C debba essere familiare con il concetto di callback, faremo un breve ripasso per chi non è ancora a conoscenza di questo concetto.

Una callback è una funzione che viene passata come argomento a un'altra funzione. In sostanza, consente a una funzione di chiamare un'altra funzione fornita dal chiamante. Questo modello di programmazione è ampiamente utilizzato per consentire la personalizzazione e l'estensione del comportamento delle funzioni, rendendo il codice più flessibile e modulare.

Le callback sono ampiamente utilizzate in molte aree della programmazione, come nell'interfacciamento con le librerie esterne, nei sistemi di gestione degli eventi, nei framework di programmazione asincrona e molto altro ancora.

In questa sezione, daremo uno sguardo generale alle callback, fornendo un'introduzione al loro utilizzo. Si noti che non entreremo nel merito dei dettagli più avanzati, come ad esempio i puntatori a funzione, ma ci concentreremo piuttosto sull'uso pratico e sulla comprensione di base del concetto di callback.

Esempio di utilizzo

Supponiamo di avere una DLL scritta in C chiamata callback.dll che contiene una funzione process_data che accetta un puntatore a una funzione di callback come argomento e la chiama passando un valore intero. La DLL potrebbe essere implementata in questo modo:

File callback.h:

```c
// callback.h
#ifndef CALLBACK_H
#define CALLBACK_H

// Definizione del tipo di callback
typedef void (*CallbackFunc)(int);

// Dichiarazione della funzione che accetta una callback come argomento
void process_data(CallbackFunc callback);

#endif
```

File callback.c:

```c
// callback.c
#include "callback.h"

// Definizione della funzione process_data
void process_data(CallbackFunc callback) {
    // Simula l'elaborazione dei dati
    for (int i = 0; i < 5; i++) {
        // Chiama la funzione di callback passando un valore intero
        callback(i);
    }
}
```

Dopo aver generato la libreria del codice appena mostrato, per utilizzarla in Python tramite ctypes, possiamo definire una funzione di callback Python e passarla come argomento alla funzione process_data della DLL. Ecco un esempio di codice Python:

```python
from ctypes import CDLL, CFUNCTYPE, c_void_p, c_int

# Definizione del tipo di callback
CallbackFunc = CFUNCTYPE(None, c_int)

# Definizione della funzione di callback
def callback_func(value):
    print(f"Callback: Ricevuto valore {value}")
```

```python
try:
    # Caricamento della libreria DLL
    lib = CDLL('./callback.dll')

    # Specifica il tipo di ritorno e gli argomenti per la funzione process_data
    lib.process_data.argtypes = (CallbackFunc,)
    lib.process_data.restype = None

    # Converte la funzione di callback Python in un oggetto di tipo CallbackFunc
    cb_func = CallbackFunc(callback_func)

    # Chiamata alla funzione process_data della DLL passando la funzione di
callback come argomento
    lib.process_data(cb_func)
except FileNotFoundError as e:
    print(f"Errore: {e}")
```

In questo esempio, definiamo una funzione di callback Python callback_func che stampa il valore ricevuto. Carichiamo quindi la libreria callback.dll utilizzando CDLL e definiamo il tipo di callback CallbackFunc utilizzando CFUNCTYPE. Passiamo la funzione di callback Python alla funzione process_data della DLL, ottenendo prima un oggetto di tipo CallbackFunc. Infine, la DLL chiamerà la funzione di callback Python passando un valore intero.

L'output che si ottiene è il seguente:

```
Callback: Ricevuto valore 0
Callback: Ricevuto valore 1
Callback: Ricevuto valore 2
Callback: Ricevuto valore 3
Callback: Ricevuto valore 4
```

Caricare la Libreria C Standard su UNIX o Windows utilizzando ctypes

Una delle applicazioni più comuni di ctypes è l'interazione con le librerie C standard, come la MSVCRT su Windows e la libc su sistemi UNIX. Questa sezione illustra come determinare e caricare la libreria C standard corretta in base al sistema operativo.

Differenze tra Piattaforme

La libreria standard del C è un componente essenziale del sistema in ambienti UNIX e Windows. Tuttavia, il modo in cui è implementata e distribuita varia tra i sistemi operativi:

- Windows: utilizza la Microsoft Visual C Runtime Library (MSVCRT), che fornisce implementazioni delle funzioni standard del C (funzioni per l'input/output, la gestione della memoria e altre operazioni di base utilizzate nei programmi C).
- UNIX: utilizza la libc standard (ad esempio, libc.so.6 su molti sistemi Linux), che comprende implementazioni di funzioni standard ANSI C, POSIX e altre utilità di sistema.

Codice per caricare la libreria appropriata

Quando scrivi software multipiattaforma in Python che fa uso di chiamate C, è utile scrivere codice che automaticamente selezioni e carichi la libreria corretta in base al sistema operativo su cui il software è eseguito. Ecco un esempio di come si può fare:

```
import ctypes
import platform

def load_c_standard_library():
    if platform.system() == "Windows":
        # Su Windows, utilizza MSVCRT
        return ctypes.windll.msvcrt
    else:
        # Su UNIX, utilizza la libc standard
        # Assicurati che il nome della libreria sia corretto su UNIX
        return ctypes.CDLL("libc.so.6")

# Carica la libreria C standard appropriata
```

```
libc = load_c_standard_library()
```

Vediamo adesso come utilizzare la libreria caricata:

```
# Carica la libreria C standard appropriata
libc = load_c_standard_library()

# Imposta argtypes e restype per printf
libc.printf.argtypes = [ctypes.c_char_p]
libc.printf.restype = ctypes.c_int

# Creazione della stringa formattata interamente in Python
message = "Hello from C library! %d\n".encode('utf-8') % (2024,)

# Utilizzo della funzione printf per stampare il messaggio formattato
libc.printf(message)
```

Dettagli del Codice

- Caricamento della libreria: la funzione load_c_standard_library() determina il sistema operativo e carica la libreria C standard corretta.
- Impostazione di printf: prima di poter utilizzare printf o qualsiasi altra funzione C, è necessario specificare i tipi degli argomenti e il tipo di ritorno attraverso argtypes e restype. Questo aiuta ctypes a convertire correttamente i tipi tra Python e C.
- Uso di printf: printf è una funzione variadic, il che significa che può accettare un numero variabile di argomenti. Tuttavia, ctypes non gestisce nativamente le funzioni variadic, e quindi si deve trovare un altro modo per passare più argomenti. Un approccio è quello di utilizzare la funzione vprintf, una variante di printf che accetta un va_list come argomento per i parametri variadic. Tuttavia, la gestione diretta dei va_list in ctypes può essere complessa e non è generalmente raccomandata. In alternativa, puoi usare un trucco per gestire la stringa di formato all'interno di Python e poi passare la stringa completa a printf tramite ctypes, come mostrato nell'esempio sopra.

Tecniche di Debug per progetti ctypes

Utilizzare ctypes in Python per l'interfacciamento con librerie C può rivelarsi estremamente efficace, ma presenta anche sfide uniche, specialmente quando si tratta di debug. Errore di segmentazione, corruzione di memoria, e problemi di tipo sono comuni. Qui, esploreremo alcune tecniche essenziali di debug che possono aiutare a identificare e risolvere problemi nei progetti che utilizzano ctypes.

Controllo dei Tipi di Dati

Prima di tutto, assicurati che tutti i tipi di dati siano definiti correttamente. Un errore comune è la mancata corrispondenza dei tipi tra Python e C, che può portare a comportamenti inaspettati o crash dell'applicazione.

Quindi, risulta fondamentale verificare gli argomenti e i tipi di ritorno: assicurati che ogni funzione abbia i suoi argtypes e restype impostati correttamente. Questo aiuta ctypes a convertire i valori Python in C e viceversa.

Utilizzo di Strumenti di Debugging C

Quando si verificano crash, come violazioni di segmento, utilizzare un debugger a livello di sistema come gdb o lldb può essere molto utile. Puoi eseguire il tuo script Python sotto uno di questi debugger per ottenere tracce dello stack e altre informazioni utili quando si verifica un crash.

Esempio di Uso di gdb

Per questo esempio, creeremo un semplice programma C che sarà utilizzato da Python tramite ctypes. Il programma C avrà un bug che porta a un errore di segmentazione (segfault). Successivamente, useremo gdb per identificare e risolvere il problema.

```
#include <stdio.h>
```

```
void crash_function() {
    int* ptr = NULL;  // Puntatore nullo
    *ptr = 42;   // Scrittura su un puntatore nullo, causa segfault
}
```

Compila il codice con informazioni di debug (opzione -g), che sono necessarie per il debugging con gdb:

```
gcc -g -shared crash.c -o crash
```

Crea uno script Python che carica e chiama la crash_function dalla libreria condivisa. Salva questo script come crash_test.py.

```
import ctypes

try:
    # Carica la libreria condivisa
    lib = ctypes.CDLL('./crash.dll')

    # Trova la funzione che causa il crash
    crash_function = lib.crash_function
    crash_function.restype = None

    # Chiama la funzione che causa il crash
    crash_function()
except FileNotFoundError as e:
    print("Errore: {}".format(e))

except OSError as e:
    print("Errore: {}".format(e))
```

Ora che hai il setup pronto, puoi usare gdb per eseguire il tuo script Python e analizzare il crash.

Avvia gdb con Python:

```
gdb --args python crash_test.py
```

Usa i comandi di gdb:

- run (esegui lo script): quando il programma va in crash, gdb dovrebbe mostrare "Program received signal SIGSEGV, Segmentation fault."
- bt (backtrace): per ottenere una traccia dello stack e vedere esattamente dove e perché il crash è avvenuto.

Dopo aver avviato gdb e dato il comando run, il programma andrà in crash. A questo punto, digita bt per vedere una traccia dello stack. Cerca righe che indicano la chiamata alla tua crash_function. L'output sarà simile a questo:

```
Thread 1 received signal SIGSEGV, Segmentation fault.
0x00000000629413c4 in crash_function () at crash.c:5
5          *ptr = 42;   // Scrittura su un puntatore nullo, causa segfault
(gdb) bt
#0  0x00000000629413c4 in crash_function () at crash.c:5
#1  0x000000006f891fe7 in _ctypes!DllCanUnloadNow () from C:\eng_apps\mingw-w64\x86_64-8.1.0-win32-seh-rt_v6-rev0\mingw64\opt\lib\python2.7\lib-dynload\_ctypes.pyd
#2  0x000000006f891ca9 in _ctypes!DllCanUnloadNow () from C:\eng_apps\mingw-w64\x86_64-8.1.0-win32-seh-rt_v6-rev0\mingw64\opt\lib\python2.7\lib-dynload\_ctypes.pyd
#3  0x000000006f88b3ac in _ctypes!DllCanUnloadNow () from C:\eng_apps\mingw-w64\x86_64-8.1.0-win32-seh-rt_v6-rev0\mingw64\opt\lib\python2.7\lib-dynload\_ctypes.pyd
#4  0x000000006f884b7a in ?? () from C:\eng_apps\mingw-w64\x86_64-8.1.0-win32-seh-rt_v6-rev0\mingw64\opt\lib\python2.7\lib-dynload\_ctypes.pyd
#5  0x000000006ce4b931 in PyObject_Call () from C:\eng_apps\mingw-w64\x86_64-8.1.0-win32-seh-rt_v6-rev0\mingw64\opt\bin\libpython2.7.dll
#6  0x000000006cedcbae in PyEval_EvalFrameEx () from C:\eng_apps\mingw-w64\x86_64-8.1.0-win32-seh-rt_v6-rev0\mingw64\opt\bin\libpython2.7.dll
#7  0x000000006cee283e in PyEval_EvalCodeEx () from C:\eng_apps\mingw-w64\x86_64-8.1.0-win32-seh-rt_v6-rev0\mingw64\opt\bin\libpython2.7.dll
#8  0x000000006cee2b0f in PyEval_EvalCode () from C:\eng_apps\mingw-w64\x86_64-8.1.0-win32-seh-rt_v6-rev0\mingw64\opt\bin\libpython2.7.dll
#9  0x000000006cefada2 in run_mod () from C:\eng_apps\mingw-w64\x86_64-8.1.0-win32-seh-rt_v6-rev0\mingw64\opt\bin\libpython2.7.dll
#10 0x000000006cefbfb1 in PyRun_FileExFlags () from C:\eng_apps\mingw-w64\x86_64-8.1.0-win32-seh-rt_v6-rev0\mingw64\opt\bin\libpython2.7.dll
#11 0x000000006cefd968 in PyRun_SimpleFileExFlags () from C:\eng_apps\mingw-w64\x86_64-8.1.0-win32-seh-rt_v6-rev0\mingw64\opt\bin\libpython2.7.dll
#12 0x000000006cef0e4a7 in Py_Main () from C:\eng_apps\mingw-w64\x86_64-8.1.0-win32-seh-rt_v6-rev0\mingw64\opt\bin\libpython2.7.dll
#13 0x00000000004013c7 in __tmainCRTStartup ()
#14 0x00000000004014fb in mainCRTStartup ()
(gdb)
```

Questo ti mostra che il segfault è causato dalla funzione crash_function nel tuo codice C.

A questo punto, puoi modificare il codice C per risolvere il problema (ad esempio, evitando la dereferenziazione di un puntatore nullo) e ricompilare la libreria condivisa. Ripeti il processo di debugging per confermare che il problema sia risolto.

Logging e Verifica delle Assunzioni

- Logging e Stampa di Output: aumentare la quantità di output di debug può essere estremamente utile nel comprendere meglio il comportamento del programma. In Python, è possibile utilizzare la funzione print() per stampare valori di variabili importanti prima e dopo le chiamate chiave. Ad esempio, si potrebbe stampare il valore delle variabili prima e dopo una chiamata a una funzione della libreria C per verificare se vengono trasferiti correttamente.

Nel codice C, si può utilizzare la funzione printf() per stampare valori di variabili o messaggi di debug direttamente sulla console. Questi output possono essere utilizzati per monitorare lo stato delle variabili e individuare eventuali problemi nel flusso di esecuzione del programma.

- Asserzioni: aggiungere asserzioni nel codice C può aiutare a verificare che le condizioni necessarie per il corretto funzionamento del programma siano soddisfatte. Ad esempio, è possibile aggiungere asserzioni per verificare che i puntatori passati come argomenti alle funzioni abbiano valori validi e che i valori restituiti dalle funzioni siano nel range atteso. Le asserzioni sono particolarmente utili per catturare errori nel codice prima che causino danni più gravi o comportamenti imprevisti. Assicurarsi di aggiungere asserzioni in punti critici del codice, come prima di accedere a un puntatore o prima di eseguire un'operazione che potrebbe causare un comportamento indesiderato.

Esempio:

```c
// Definizione della funzione divide
int divide(int numeratore, int denominatore) {
    // Asserzione: il denominatore non può essere zero
    assert(denominatore != 0);

    // Esegui la divisione e restituisci il risultato
    return numeratore / denominatore;
}
```

CAPITOLO 6 - Libreria CFFI

CFFI, acronimo di C Foreign Function Interface, rappresenta un potente strumento che crea un ponte tra Python e C, permettendo di combinare il meglio di entrambi i mondi.

Questo capitolo è dedicato a esplorare in profondità questa libreria, offrendo al lettore una guida dettagliata su come utilizzarla per estendere Python con funzioni scritte in C. Attraverso un percorso che inizia dalle basi dell'interfacciamento tra Python e C, fino agli aspetti più avanzati, questo capitolo mira a fornire le competenze necessarie per migliorare le prestazioni delle applicazioni Python, mantenendo al contempo l'eleganza e la facilità di uso che caratterizzano questo linguaggio.

Il capitolo è strutturato in modo da accompagnare il lettore passo dopo passo. Verranno discussi i vantaggi dell'utilizzo di CFFI rispetto ad altre opzioni disponibili, come ctypes, delineando i contesti in cui CFFI si dimostra la scelta più adatta.

Ci immergeremo nel cuore tecnico di CFFI, esplorando come configurare l'ambiente di sviluppo, definire le interfacce e gestire i tipi di dati complessi. Verranno presentati esempi pratici e casi d'uso reali che illustrano come integrare librerie C esistenti in programmi Python.

Questo capitolo non solo mira a fornire una comprensione teorica completa di CFFI, ma anche a equipaggiare il lettore con le competenze pratiche necessarie per applicare queste conoscenze in scenari reali.

Vantaggi di CFFI rispetto a ctypes

La programmazione Python offre diverse opzioni per interfacciarsi con il linguaggio C, ciascuna con i suoi punti di forza e contesti di utilizzo ideali. Tra queste opzioni, ctypes, discussa nel capitolo precedente, è stata per lungo tempo la scelta prevalente per molti sviluppatori. Tuttavia, l'arrivo di CFFI ha introdotto una nuova dimensione di flessibilità e potenza. In questa sezione, analizzeremo i vantaggi di CFFI rispetto a ctypes e altri strumenti di interfacciamento, esplorando i contesti specifici in cui CFFI offre soluzioni superiori.

1. Facilità d'uso e mantenimento del codice

CFFI permette di scrivere definizioni di interfacce in un modo che è vicino alla sintassi del C stesso. Questo riduce notevolmente il carico cognitivo per i programmatori che sono già familiari con C, permettendo loro di definire interfacce in modo chiaro e diretto. A differenza di ctypes, che richiede una traduzione più manuale e meno intuitiva dei tipi di dati, CFFI automatizza molti di questi processi, riducendo gli errori e migliorando la leggibilità del codice.

2. Compilazione e distribuzione

Un altro vantaggio significativo di CFFI risiede nella sua capacità di lavorare sia in modalità ABI (Application Binary Interface) che API (Application Programming Interface).

La modalità ABI di CFFI permette al codice Python di utilizzare direttamente le librerie binarie compilate del linguaggio C. Questo significa che CFFI può collegarsi a queste librerie senza la necessità di ricompilare il codice C o di accedere ai suoi sorgenti. Quando si usa la modalità ABI, CFFI si occupa di caricare la libreria binaria esistente e di interfacciarsi con essa utilizzando i riferimenti ai tipi e alle funzioni definiti nel codice Python. Questo è particolarmente utile per l'uso di librerie di terze parti per cui non si dispone del codice sorgente, oppure quando si desidera evitare la complessità della compilazione del codice C su diverse piattaforme hardware e sistemi operativi.

I vantaggi nell'utilizzo della modalità ABI sono:

- Semplicità di distribuzione: non è necessario gestire o distribuire il codice sorgente C. Ciò semplifica notevolmente la distribuzione di applicazioni che dipendono da librerie C preesistenti, specialmente in ambienti eterogenei.

- Compatibilità cross-platform: poiché la modalità ABI lavora con binari precompilati, si riducono le problematiche legate alla compatibilità cross-platform che potrebbero emergere durante la compilazione di codice C su diverse piattaforme.

La modalità API, invece, coinvolge la compilazione del codice sorgente C insieme al codice Python. Questo approccio richiede che il codice sorgente C sia disponibile, permettendo una maggiore flessibilità e ottimizzazione.

Con la modalità API, il codice C viene compilato in un modulo con estensione Python, che può quindi essere importato e usato come qualsiasi altro modulo.

I vantaggi della modalità API sono:

- Maggiore controllo e ottimizzazione: si ha un controllo completo sul processo di compilazione, il che permette ottimizzazioni specifiche e una maggiore efficienza.
- Gestione dinamica: la gestione dinamica dei tipi e la compilazione in fase di esecuzione possono essere meglio gestite, permettendo una più stretta integrazione tra Python e C.

Ctypes, invece, lavora diversamente rispetto a CFFI: permette di caricare librerie dinamiche e accedere alle loro funzioni, ma richiede che le librerie siano disponibili come file binari specifici della piattaforma. Questo può essere un ostacolo quando si distribuiscono applicazioni su diverse piattaforme, poiché ogni piattaforma potrebbe richiedere una versione diversa della libreria dinamica.

Ctypes presenta delle limitazioni:

- Necessità di binari specifici: per ogni piattaforma target, è necessario disporre di una versione compatibile della libreria dinamica, il che può complicare la gestione e la distribuzione del software.
- Meno sicurezza di tipo: ctypes fornisce meno sicurezza di tipo durante l'interazione con le librerie C, aumentando il rischio di errori di runtime.

3. <u>Supporto per le chiamate out-of-line</u>

Nel contesto di CFFI, le chiamate "out-of-line" si riferiscono a un approccio di compilazione e integrazione dove le definizioni delle funzioni C vengono scritte in un file separato, generalmente in un file di specifica che descrive le interfacce del codice C. Queste definizioni vengono poi precompilate in un modulo Python separato. Questo modulo compilato può essere importato e utilizzato direttamente nei programmi Python.

L'utilizzo di un approccio "Out-of-Line" porta con se una serie di vantaggi:

- Miglioramento delle prestazioni: poiché la maggior parte del lavoro di interfacciamento e compilazione viene fatta durante la fase di compilazione iniziale e non a runtime, il codice Python può eseguire le chiamate a funzioni C molto più rapidamente. Questo riduce il sovraccarico a runtime, migliorando le prestazioni complessive dell'applicazione.

- Sicurezza del codice: utilizzando la compilazione "out-of-line", CFFI può verificare i tipi e le interfacce durante la fase di compilazione, riducendo significativamente la possibilità di errori di runtime causati da incongruenze nei tipi di dati. Questa verifica anticipata assicura che il codice Python e il codice C interagiscano correttamente, proteggendo l'applicazione da crash e comportamenti imprevisti.

- Stabilità e isolamento del codice: poiché le interazioni con il codice C sono definite e compilate separatamente, questo isola il codice Python dalle specifiche del codice C. Tale isolamento rende il codice più robusto e facile da mantenere, poiché le modifiche in una parte del sistema hanno minori probabilità di influenzare altre parti.

Ctypes adotta un approccio "in-line", nel quale le definizioni e le interazioni con le librerie C avvengono direttamente nel codice Python. L'utente definisce i tipi e fa chiamate a funzioni direttamente tramite l'API di ctypes, senza una fase di precompilazione separata.

Questo approccio comporta delle limitazioni:

- Verifica dei tipi a runtime: a differenza di CFFI, ctypes verifica i tipi di dati a runtime, il che può introdurre un sovraccarico durante l'esecuzione e aumentare il rischio di errori di tipo. Questa verifica meno rigorosa può portare a problemi di sicurezza e stabilità se i tipi di dati non sono gestiti correttamente.
- Prestazioni potenzialmente inferiori: poiché ogni chiamata richiede una verifica a runtime e un adattamento dinamico dei tipi, le applicazioni che utilizzano ctypes possono sperimentare prestazioni inferiori rispetto a quelle che utilizzano CFFI con chiamate "out-of-line", specialmente in contesti dove le chiamate a funzioni C sono frequenti.

In sintesi, l'approccio "out-of-line" di CFFI non solo migliora le prestazioni riducendo il sovraccarico a runtime, ma offre anche benefici significativi in termini di sicurezza e stabilità del codice. Questi vantaggi rendono CFFI particolarmente adatto per progetti complessi e di grandi dimensioni dove la robustezza e l'efficienza sono cruciali.

4. <u>Gestione della memoria e sicurezza</u>

CFFI offre una gestione della memoria più dettagliata e controllata rispetto a ctypes, permettendo di manipolare la memoria in modo più sicuro, specialmente quando si lavora con strutture dati complesse. Questo controllo granulare è fondamentale per prevenire errori comuni come fughe di memoria (memory leaks) e corruzioni di memoria.

- Allocazione e deallocazione controllate: CFFI fornisce funzioni specifiche per l'allocazione e la deallocazione di memoria, che sono progettate per integrarsi efficacemente con il garbage collector di Python. Questo assicura che la memoria non utilizzata venga liberata in modo appropriato, riducendo il rischio di memory leaks.
- Gestione dei tipi di dati: in CFFI, è possibile definire tipi di dati complessi in modo simile a come si farebbe in C. Questa definizione tipizzata aiuta a

prevenire errori di corruzione di memoria, garantendo che le operazioni sulla memoria siano eseguite solo su aree designate e con i tipi di dati appropriati.
- Interfaccia per la manipolazione sicura dei dati: CFFI permette di creare oggetti "cdata" che rappresentano puntatori a tipi di dati C, array, o strutture. L'accesso e la modifica di questi dati attraverso interfacce controllate minimizzano il rischio di corruzione dei dati e migliorano la sicurezza generale del programma.
- Modello di gestione degli errori: CFFI include un robusto modello di gestione degli errori che cattura eccezioni durante l'interazione con il codice C. Questo modello di gestione degli errori permette di trattare situazioni anomale in modo più efficace
- Gestione delle Eccezioni: CFFI può configurare il codice C per segnalare errori a Python come eccezioni, che possono poi essere gestite tramite il normale meccanismo di gestione delle eccezioni di Python. Questo aiuta a mantenere il codice pulito e leggibile, centralizzando la gestione degli errori.

Ctypes permette di interfacciarsi direttamente con librerie C tramite chiamate a funzioni e manipolazione di strutture di dati, ma lascia molta della responsabilità della gestione della memoria nelle mani dell'utente:
- Meno controlli di sicurezza: ctypes offre meno funzionalità automatizzate per la gestione della memoria, il che può portare a un aumento del rischio di errori.
- Gestione manuale del ciclo di vita della memoria: gli sviluppatori devono spesso gestire manualmente il ciclo di vita della memoria quando usano ctypes, il che aumenta la complessità del codice e il rischio di errori, specialmente in applicazioni grandi e complesse.

In conclusione, CFFI fornisce un ambiente più sicuro e controllato per la gestione della memoria e la manipolazione di strutture dati complesse, particolarmente adatto per progetti che richiedono un elevato grado di integrità e sicurezza dei dati. Al contrario, ctypes, pur offrendo flessibilità, richiede un'attenzione maggiore nella gestione della memoria e può essere più suscettibile a errori se non gestito con cautela.

Nella scelta tra CFFI e ctypes, così come altre opzioni per l'interfacciamento tra Python e C, è essenziale considerare il tipo di progetto, le esigenze di performance, la sicurezza e la facilità di manutenzione del codice. CFFI si dimostra superiore in molti di questi aspetti, specialmente in contesti dove la chiarezza della definizione delle interfacce, la sicurezza del codice, la portabilità e le prestazioni sono prioritarie. Attraverso esempi e analisi dettagliate, vedremo come CFFI faciliti l'interazione tra Python e C in modo robusto e efficiente, rendendolo lo strumento ideale per molti sviluppatori moderni.

Installazione di CFFI

Il metodo consigliato per installare cffi è utilizzare il gestore di pacchetti pip, che è incluso con Python. Apri il terminale e esegui il seguente comando:

```
pip install cffi
```

Questo comando scaricherà e installerà l'ultima versione di cffi disponibile nel repository PyPI (Python Package Index).

Dopo aver completato l'installazione, puoi verificare se cffi è stato installato correttamente eseguendo il seguente comando nel terminale:

```
python -c "import cffi; print(cffi.__version__)"
```

L'opzione -c viene utilizzata per eseguire comandi Python direttamente dalla linea di comando, senza bisogno di salvare il codice in un file separato. Questa opzione permette di passare una stringa di codice Python come argomento e di eseguirla immediatamente.

Se cffi è stato installato correttamente, questo comando stamperà la versione di cffi attualmente installata nel tuo ambiente Python.

Ora sei pronto per iniziare a utilizzare cffi nel tuo progetto Python per interagire con codice C in modo efficiente e sicuro.

Esempio ABI mode

L'esempio che segue mostra come utilizzare CFFI per chiamare funzioni della libreria standard di C, in questo caso printf, su un sistema Windows. È importante notare che su Windows non è possibile usare ffi.dlopen(None) per caricare l'intero namespace C come su sistemi Unix. Pertanto, bisognerà specificare una DLL specifica.

In questo caso, useremo la DLL msvcrt.dll, che è la libreria standard di C per Microsoft Visual Studio, dove si trova la funzione printf (già vista nel capitolo precedente).

Ecco come puoi scrivere il codice Python con CFFI per Windows:

```
from cffi import FFI

ffi = FFI()

# Definizione della firma della funzione che vogliamo utilizzare
ffi.cdef("""
    int printf(const char *format, ...);
""")

# Caricare msvcrt.dll, la libreria standard di C in Windows che contiene printf
C = ffi.dlopen("msvcrt.dll")

# Preparazione degli argomenti per printf
arg = ffi.new("char[]", "CFFI".encode())  # Equivalente al codice C: char arg[] = "world";

# Chiamata a printf
C.printf(b"Ciao, %s.\n", arg)
```

L'esempio presentato illustra l'uso della modalità ABI di CFFI per interfacciarsi con le funzioni standard della libreria C su Windows. Un aspetto cruciale da sottolineare è che questo metodo non richiede la compilazione di codice C, poiché opera direttamente con le librerie binarie esistenti. Tuttavia, questa facilità d'uso viene con alcune avvertenze significative che gli sviluppatori devono tenere in considerazione.

Nel contesto dell'utilizzo di CFFI, la gestione delle stringhe è un aspetto cruciale da considerare (affrontato in precedenza).

Un altro aspetto critico da considerare quando si utilizza CFFI è la sicurezza. Utilizzare la modalità ABI in-line per interfacciarsi con librerie C può comportare il rischio di crash o comportamenti imprevisti se le dichiarazioni delle funzioni o delle strutture dati in cdef() non sono accurate o corrette.

Le dichiarazioni in cdef() devono corrispondere esattamente alle definizioni di funzioni e strutture dati presenti nelle librerie C. Anche un piccolo errore di dichiarazione può causare problemi gravi a livello di runtime, inclusi crash dell'applicazione.

Pertanto, è fondamentale garantire la precisione e l'accuratezza delle dichiarazioni in cdef(), evitando errori comuni come typo nei nomi delle funzioni o nella specifica dei tipi di dati. Un controllo attento delle dichiarazioni può contribuire significativamente a evitare comportamenti imprevisti e garantire la stabilità e la sicurezza del programma.

Dunque, sulla base di quanto detto, se l'ambiente di sviluppo lo consente e la compilazione del codice C è praticabile, è consigliabile optare per la modalità API di CFFI.

Esempio API mode – libreria C standard

In questa sezione, esploreremo come utilizzare CFFI in modalità API per creare un modulo di estensione Python che interfaccia con le Windows API per recuperare informazioni sugli utenti. Utilizzeremo un esempio concreto che dimostra come ottenere il nome completo di un utente di Windows attraverso il nome utente.

1. Setup del Modulo

Per iniziare, creeremo un file Python che servirà per configurare e compilare il nostro modulo. Il file conterrà tutto il necessario per definire e compilare il codice sorgente C in modo che possa essere utilizzato in un ambiente Python.

Di seguito viene mostrato il codice per la compilazione e generazione della libreria:

```python
from cffi import FFI

ffibuilder = FFI()

# Definizione del codice sorgente C e delle dipendenze della libreria
ffibuilder.set_source("_esempio",
    r"""
        #include <Windows.h>
        #include <lm.h>

        static wchar_t *get_user_name(const wchar_t *username) {
            USER_INFO_10 *ui;
            if (NetUserGetInfo(NULL, username, 10, (LPBYTE *)&ui) == NERR_Success)
{
                wchar_t *name = _wcsdup(ui->usri10_full_name);
                NetApiBufferFree(ui);
                return name;
            }
            return NULL;
        }
    """,
    libraries=["Netapi32"])  # Collegamento con Netapi32.dll, che contiene le Windows API necessarie

# Dichiarazioni delle funzioni e delle strutture dati per l'interfacciamento C-Python
ffibuilder.cdef("""wchar_t *get_user_name(const wchar_t *username);""")

# Compilazione del modulo se questo script è eseguito come main
if __name__ == "__main__":
    ffibuilder.compile(verbose=True)
```

Nel codice fornito, viene creato un oggetto FFI denominato ffibuilder. Successivamente, utilizziamo il metodo set_source per definire il codice sorgente C che vogliamo interfacciare con Python.

```python
ffibuilder = FFI()
ffibuilder.set_source("_esempio",
    r"""
        #include <Windows.h>
        #include <lm.h>
```

```
        static wchar_t *get_user_name(const wchar_t *username) {
            USER_INFO_10 *ui;
            if (NetUserGetInfo(NULL, username, 10, (LPBYTE *)&ui) == NERR_Success)
{
            wchar_t *name = _wcsdup(ui->usri10_full_name);
            NetApiBufferFree(ui);
            return name;
        }
        return NULL;
    }
    """,
    libraries=["Netapi32"])
```

In questo blocco di codice:

- set_source accetta tre argomenti:
    - Il primo argomento è il nome del modulo C che verrà compilato. In questo caso, il modulo sarà denominato "_esempio". Il prefisso _ prima del nome del modulo serve a indicare che si tratta di un modulo CFFI generato automaticamente e compilato a runtime. Questa convenzione aiuta a distinguere i moduli CFFI dagli altri moduli Python standard. È importante notare che il prefisso _ non è una regola assoluta, ma è una convenzione comune utilizzata dalla comunità Python per distinguere i moduli CFFI generati automaticamente da quelli creati manualmente. Questo aiuta a evitare confusioni e conflitti di nomi all'interno di un progetto Python, soprattutto quando si importano moduli esterni.
    - Il secondo argomento è il codice sorgente C, che viene fornito come stringa grezza (raw string) preceduta dal prefisso "r". Questo codice definisce la funzione get_user_name, che ottiene il nome completo di un utente utilizzando le API di Windows.
    - Il terzo argomento è una lista delle librerie esterne necessarie per compilare il modulo. In questo caso, stiamo collegando la libreria Netapi32.dll, che contiene le API di Windows necessarie per accedere alle informazioni sugli utenti.

Dopo aver definito il codice sorgente C, utilizziamo il metodo cdef (gia utilizzato per la modalità ABI) per dichiarare le funzioni e le strutture dati che vogliamo interfacciare con Python.

```
ffibuilder.cdef("""wchar_t *get_user_name(const wchar_t *username);""")
```

In questo caso, stiamo dichiarando che la funzione get_user_name accetta un parametro di tipo wchar_t * e restituisce un valore di tipo wchar_t *.

Infine, il modulo viene compilato se lo script viene eseguito come main. Durante la compilazione, CFFI genera automaticamente il modulo Python necessario per l'interfacciamento con il codice C.

```
if __name__ == "__main__":
    ffibuilder.compile(verbose=True)
```

Questo modulo Python può quindi essere importato e utilizzato all'interno di altri script Python, fornendo un'interfaccia per chiamare la funzione C get_user_name da Python.

2. Uso del Modulo in Python

Una volta che il modulo CFFI è stato compilato con successo, è possibile importarlo in Python come qualsiasi altro modulo e utilizzarlo per chiamare le funzioni C definite nel codice sorgente C.

```
from _esempio import lib, ffi
```

In questo blocco di codice:
- lib è un oggetto che rappresenta il modulo C compilato. Contiene le funzioni C che sono state definite e dichiarate tramite CFFI.
- ffi è l'oggetto FFI utilizzato per gestire l'interfacciamento tra Python e il codice C.

Definizione della funzione get_full_name

La funzione get_full_name è stata definita per utilizzare la funzione C get_user_name per ottenere il nome completo di un utente dato il suo nome utente.

```python
def get_full_name(username):
    # Converti la stringa Python in una stringa C di tipo wchar_t*
    c_username = ffi.new("wchar_t[]", username)

    # Chiamata alla funzione C che restituisce un wchar_t* con il nome completo
    c_full_name = lib.get_user_name(c_username)

    # Verifica se il puntatore è valido e non NULL
    if c_full_name != ffi.NULL:
        # Decodifica il puntatore wchar_t* a una stringa Python
        full_name = ffi.string(c_full_name) if isinstance(c_full_name, ffi.CData) else c_full_name

        return full_name
    else:
        return "Utente non trovato o errore sollevato."
```

In questo blocco di codice:

- ffi.new("wchar_t[]", username) crea un oggetto C di tipo wchar_t* che contiene la stringa username.
- lib.get_user_name(c_username) chiama la funzione C get_user_name con il nome utente come argomento e restituisce un puntatore C al nome completo dell'utente.
- ffi.NULL è un valore che rappresenta un puntatore nullo in C.
- ffi.string(c_full_name) converte il puntatore C al nome completo dell'utente in una stringa Python.

<u>Esempio di utilizzo della funzione</u>

```python
username = "Cristian"
print(f"Nome completo per {username}: {get_full_name(username)}")
```

Questo blocco di codice esegue la funzione get_full_name con il nome utente "Cristian" e stampa il risultato.

L'output che si ottiene è:

```
> python .\main.py
Nome completo per Cristian: cristian tesconi
```

Esempio API mode – libreria C custom

In questa sezione vediamo un esempio che utilizza la modalità API di CFFI, dove, il codice sorgente C viene definito in file separati (.c e .h) invece che direttamente nello script Python, come mostrato nell'esempio precedente. Questo tipo di strutturazione è utile per progetti più grandi o per una migliore separazione tra il codice C e Python.

Supponiamo di voler creare una libreria semplice che esegua alcune operazioni matematiche. Definiremo due file: uno per le dichiarazioni (file di intestazione .h) e uno per le implementazioni (file sorgente .c).

- File math_ops.h

```c
/**
 * @file math_ops.h
 * @brief Dichiarazioni delle funzioni per le operazioni matematiche.
 */

#ifndef MATH_OPS_H
#define MATH_OPS_H

/**
 * @brief Effettua la somma di due numeri interi.
 *
 * Calcola la somma di due numeri interi `x` e `y` e restituisce il risultato.
 *
 * @param x Il primo addendo.
 * @param y Il secondo addendo.
 * @return La somma di `x` e `y`.
 */
int somma(int x, int y);

/**
 * @brief Effettua la sottrazione tra due numeri interi.
 *
```

```
 * Calcola la differenza tra due numeri interi `x` e `y` e restituisce il risul-
tato.
 *
 * @param x Il minuendo.
 * @param y Il sottraendo.
 * @return La differenza tra `x` e `y`.
 */
int sottrai(int x, int y);

#endif /* MATH_OPS_H */
```

- File math_ops.c

```
// Implementazione delle funzioni dichiarate in math_ops.h
#include "math_ops.h"

int somma(int x, int y) {
    return x + y;
}

int sottrai(int x, int y) {
    return x - y;
}
```

Poiche cffi non è in grado di interpretare le direttive del preprocessore, come ad esempio #ifdef, #endif etc, creiamo un file separato in cui inserire le definizioni da utilizzare in ffibuilder.cdef senza doverle scrivere sotto forma di stringa come abbiamo fatto nell'esempio precedente.

- File cdef:

```
int somma(int x, int y);
int sottrai(int x, int y);
```

Per compilare il modulo di estensione usando CFFI in modalità API e utilizzando file sorgente esterni, scriviamo il seguente script Python.

- File compila.py

```
from cffi import FFI

ffibuilder = FFI()

# Caricare le dichiarazioni dalle intestazioni C
```

```
with open('cdef') as f:
    ffibuilder.cdef(f.read())

# Specificare il modulo sorgente C e la funzione di compilazione
ffibuilder.set_source("_math_ops",
    r"""
    #include "math_ops.h"
    """,
    sources=['math_ops.c'],    # Elenco dei file sorgente C da compilare insieme
    include_dirs=[]            # Cartelle dove cercare gli header files se non
nella stessa directory
)

if __name__ == "__main__":
    ffibuilder.compile(verbose=True)
```

Questo script legge le definizioni delle funzioni dal file di definizione cdef, le incorpora nel builder CFFI, e poi compila il tutto in un modulo di estensione Python chiamato _math_ops.

Una volta compilato il modulo, puoi utilizzarlo in un altro script Python per eseguire operazioni matematiche.

- File main.py

```
from _math_ops import lib

# Utilizza le funzioni dal modulo compilato
result_add = lib.add(10, 5)
result_subtract = lib.subtract(10, 5)

print(f"10 + 5 = {result_add}")
print(f"10 - 5 = {result_subtract}")
```

Questo script importa il modulo compilato _math_ops e chiama le funzioni add e subtract e stampa i risultati.

L'output che si ottiene è:

```
> python .\main.py
10 + 5 = 15
10 - 5 = 5
```

Embedding

In questa sezione illustreremo un esempio pratico che dimostra come utilizzare CFFI per esportare funzioni Python in modo che possano essere chiamate da programmi in C.

Creeremo un'API personalizzata che verrà compilata in una libreria condivisa (.so, .dll, .dylib), dipendente dal target in cui stiamo lavorando (in questo esempio mi focalizzerò su target Windows), adatta per il collegamento dinamico.

Caso d'uso

Supponiamo di avere una libreria Python che offre funzionalità avanzate per il calcolo matematico e vogliamo rendere queste funzioni accessibili a un'applicazione C esistente per migliorarne le prestazioni in alcune operazioni critiche. In questo esempio, implementeremo una semplice funzione che calcola il fattoriale di un numero, esponendola tramite CFFI.

Definizione dell'API in C

Iniziamo definendo l'interfaccia C per la nostra funzione Python nel file math_ops.h:

```c
#ifndef MATH_OPS_H
#define MATH_OPS_H

/**
 * @file math_ops.h
 * @brief File di intestazione che dichiara funzioni per operazioni matematiche.
 *
 * Questo file contiene le dichiarazioni per le operazioni matematiche che possono essere
 * esposte ad altri programmi, inclusi quelli scritti in C. Gestisce le specifiche
 * di collegamento dinamico per diversi compilatori.
 */

#ifndef CFFI_DLLEXPORT
#  if defined(_MSC_VER)
/**
```

```
 * @def CFFI_DLLEXPORT
 * @brief Macro per gestire le convenzioni di import/export delle DLL.
 *
 * Si espande in `extern __declspec(dllimport)` quando compilato su MSVC per ge-
stire
 * correttamente l'importazione delle DLL. Questa è tipicamente usata quando si
compila
 * su Windows con Microsoft Visual C++ dove i simboli delle DLL devono essere
esplicitamente importati.
 */
#   define CFFI_DLLEXPORT  extern __declspec(dllimport)
# else
/**
 * @def CFFI_DLLEXPORT
 * @brief Macro per il collegamento esterno.
 *
 * Definita come `extern` per i compilatori non MSVC. Questa macro è usata per
garantire
 * che le funzioni siano correttamente esportate in ambienti diversi da Windows,
 * come Linux o macOS, dove tale parola chiave esplicita non è richiesta.
 */
#   define CFFI_DLLEXPORT  extern
# endif
#endif

/**
 * @fn int calculate_factorial(int n)
 * @brief Calcola il fattoriale di un dato numero.
 *
 * Questa funzione prende un intero n e ritorna il fattoriale di quel numero.
 * Il fattoriale è calcolato come il prodotto di tutti gli interi positivi fino
a n.
 *
 * @param n Il numero intero per cui calcolare il fattoriale.
 * @return Il fattoriale del numero come intero.
 */
CFFI_DLLEXPORT int calcola_fattoriale(int n);

#endif /* MATH_OPS_H */
```

Script di costruzione in Python

Utilizziamo CFFI per leggere questa definizione e preparare il collegamento con il codice Python:

```python
# file math_ops_build.py
import cffi
ffibuilder = cffi.FFI()
```

```python
# Lettura dell'API da 'math_ops.h'
with open('math_ops.h') as f:
    data = ''.join([line for line in f if not line.startswith('#')])
    data = data.replace('CFFI_DLLEXPORT', '')
    ffibuilder.embedding_api(data)

# Generazione del sorgente C
ffibuilder.set_source("math_ops", '''
    #include "math_ops.h"
''')

# Codice Python da incorporare nel .so/.dll/.dylib
ffibuilder.embedding_init_code("""
    from math_ops import ffi

    @ffi.def_extern()
    def calcola_fattoriale(n):
        if n < 0:
            raise ValueError("Il fattoriale non è definito per numeri negativi.")

        res = 1
        for i in range(1, n + 1):
            res *= i
            if res > 2**63 - 1:  # Controlla per un limite specifico, es. il limite di un int a 64 bit
                raise OverflowError("Il risultato ha superato il limite massimo gestibile.")

        return res
""")

# Compilazione della libreria
ffibuilder.compile(verbose=True)
```

<u>Descrizione del processo</u>

Il processo inizia con la lettura del file di intestazione math_ops.h (evitando di dover creare un file cdef come nell'esempio precedente), dove eliminiamo le direttive del preprocessore e sostituiamo il macro CFFI_DLLEXPORT per adattarlo all'uso in questo contesto. Successivamente, definiamo il sorgente C che include la nostra intestazione e aggiungiamo il codice Python che sarà "congelato" all'interno della libreria condivisa.

Il decoratore @ffi.def_extern() viene utilizzato per indicare che la funzione Python calcola_fattoriale è chiamata dall'esterno, ovvero dal codice C. La funzione Python prende un parametro di tipo int calcola il fattoriale del numero specificato.

Alla fine, il comando ffibuilder.compile() genera la libreria dinamica che può essere caricata da un'applicazione C. Questa libreria incorpora il codice Python e lo rende disponibile come se fosse una funzione C nativa.

Utilizzo della libreria

Vediamo adesso un possibile utilizzo della libreria appena creata all'interno di un programma C. Scriviamo quindi un applicazione dotata di un main per poterla eseguire.

```c
#include <stdio.h>
#include "math_ops.h"

#ifdef _WIN32
#include <windows.h>
#else
#include <dlfcn.h>
#endif

typedef int (*calcola_fattoriale_func)(int);

int main(int argc, char *argv[]) {
    // Controlla se l'input è stato fornito correttamente
    if (argc != 2) {
        fprintf(stderr, "Utilizzo: %s value=<numero>\n", argv[0]);
        return 1;
    }

    // Estrai il numero dal secondo argomento
    int n;
    if (sscanf(argv[1], "value=%d", &n) != 1) {
        fprintf(stderr, "Errore: formato input non valido. Assicurati di usare il formato value=<numero>\n");
        return 1;
    }

    // Carica la DLL
    #ifdef _WIN32
        HINSTANCE hDLL = LoadLibrary("math_ops.dll");
    #else
```

```c
        void* hDLL = dlopen("./math_ops.so", RTLD_LAZY);
    #endif

    if (hDLL == NULL) {
        fprintf(stderr, "Impossibile caricare la DLL\n");
        return 1;
    }

    // Ottieni il puntatore alla funzione dalla DLL

    calcola_fattoriale_func calcola_fattoriale;

    #ifdef _WIN32
        calcola_fattoriale = (calcola_fattoriale_func)GetProcAddress(hDLL, "calcola_fattoriale");
    #else
        calcola_fattoriale = (calcola_fattoriale_func)dlsym(hDLL, "somma");
    #endif

    if (calcola_fattoriale == NULL) {
        fprintf(stderr, "Impossibile trovare la funzione calcola_fattoriale nella DLL\n");
        return 1;
    }

    // Utilizza la funzione dalla DLL
    int risultato = calcola_fattoriale(n);
    printf("Il fattoriale di %d e': %d\n", n, risultato);

    // Chiudi la DLL
    #ifdef _WIN32
        FreeLibrary(hDLL);
    #else
        dlclose(hDLL);
    #endif

    return 0;
}
```

Questo programma in C è progettato per calcolare il fattoriale di un numero utilizzando una funzione contenuta in una libreria dinamica (DLL su Windows o SO su sistemi Unix-like). Il programma gestisce l'input dell'utente, il caricamento della libreria dinamica e l'invocazione della funzione di calcolo del fattoriale.

Esecuzione e output

```
.\main.exe value=3
```

```
Il fattoriale di 3 e': 6
```

Considerazioni

Uno degli aspetti interessanti di questa tecnologia è l'uso del metodo ffibuilder.embedding_init_code che è progettato per accettare una stringa di codice Python, che viene poi "congelata" dentro una libreria dinamica generata (come .so, .dll o .dylib). Questo significa che il codice deve essere fornito come una stringa letterale o come risultato di una funzione che genera una stringa. Le principali limitazioni di questo approccio includono:

- Leggibilità e manutenibilità: il mantenimento del codice Python all'interno di stringhe può diventare difficile, specialmente quando il codice è lungo o complesso. La mancanza di evidenziazione della sintassi e di supporto dell'editor può rendere il codice meno accessibile e aumentare la probabilità di errori.
- Riuso del codice: il codice incapsulato in stringhe è meno riutilizzabile. Le funzioni e le classi definite all'interno di queste stringhe non sono facilmente accessibili per altri moduli o script senza duplicare il codice.
- Debugging: debuggare il codice che vive all'interno di una stringa può essere complicato. Gli errori possono essere più difficili da tracciare e le informazioni sul contesto sono spesso limitate.

Nonostante le sue limitazioni, l'uso di stringhe per definire il codice Python in ffibuilder.embedding_init_code ha anche dei vantaggi:

- Isolamento del codice: incapsulare il codice Python in una stringa aiuta a separarlo dal resto del codice Python, riducendo le interazioni accidentali tra i namespace.
- Controllo preciso: questo metodo permette un controllo molto preciso sul codice che viene incluso nella libreria dinamica, essenziale per garantire che solo il codice necessario sia presente.

Per affrontare le sfide poste da questo approccio, è possibile adottare diverse strategie:

- Esternalizzazione del codice: è possibile scrivere il codice in file separati e leggerli come stringhe al momento della compilazione. Questo migliora la leggibilità e la manutenibilità, mantenendo i vantaggi dell'isolamento.
- Funzioni generatrici di codice: utilizzare funzioni che generano parti di codice può aiutare a mantenere il codice dinamico e riutilizzabile, permettendo anche di adattare il codice generato a condizioni di runtime specifiche.
- Testing rigoroso: Unit test e integration test diventano cruciali per garantire la stabilità del codice embedded. Testare ampiamente il codice in ambiente di sviluppo può ridurre significativamente gli errori in produzione.

Strutture, puntatori e array

Lavorare con Strutture in CFFI

Le strutture in C sono usate per raggruppare dati di diversi tipi sotto un unico nome, e CFFI permette di definirle e manipolarle facilmente.

Vediamo come definire e creare una struttura:

```
from cffi import FFI
ffi = FFI()

# Definizione della struttura
ffi.cdef("""
typedef struct {
    int id;
    char name[100];
    double salary;
} Impiegato;
""")

# Creazione di un'istanza di Impiegato
impiegato = ffi.new("Impiegato *")
impiegato.id = 123
impiegato.name = b"John Doe"   # In C, le stringhe sono di solito byte string, quindi usiamo b""
impiegato.salary = 50000.0
```

In questo esempio, ffi.new("Impiegato *") crea un puntatore a una nuova struttura Impiegato, che è inizializzata a zero. Puoi accedere e modificare i campi direttamente tramite il puntatore.

Lavorare con Puntatori

I puntatori sono usati in C per indirizzare e manipolare la posizione della memoria. CFFI consente di gestire i puntatori in modo simile.

```
# Puntatore a un intero
int_ptr = ffi.new("int *", 42)

# Accesso al valore puntato
print(int_ptr[0])   # Output: 42

# Cambio del valore puntato
int_ptr[0] = 100
print(int_ptr[0])   # Output: 100
```

Lavorare con Array

Gli array in C sono collezioni di elementi dello stesso tipo, allocati in blocchi di memoria contigui.

```
# Definizione di un array di 10 interi
int_array = ffi.new("int[10]")

# Assegnazione di valori
for i in range(10):
    int_array[i] = i * 10

# Accesso ai valori
for i in range(10):
    print(int_array[i])   # Stampa 0, 10, 20, ..., 90
```

Esempio

Vediamo un esempio completo che illustra l'uso di puntatori, strutture e array tra C e Python tramite CFFI. L'esempio tratterà una semplice gestione di un sistema di impiegati, permettendo di aggiungere impiegati e calcolare la media degli stipendi. Il primo passo è quello di creare un file .h e .c che definiscono una struttura per gli impiegati, una funzione per aggiungere impiegati e una per calcolare la media degli stipendi.

- File: impiegato.h

```c
// impiegato.h

#ifndef IMPIEGATO_H
#define IMPIEGATO_H

#include <stdlib.h> // per size_t

// Definizione della struttura Impiegato
typedef struct {
    int id;
    char name[100];
    double salary;
} Impiegato;

// Prototipi delle funzioni
Impiegato* crea_array_impiegati(int size);
void imposta_dati_impiegato(Impiegato* impiegati, int index, int id, const char* name, double salary);
double calcola_media_stipendi(Impiegato* impiegati, int size);
void libera_impiegati(Impiegato* impiegati);

#endif // IMPIEGATO_H
```

- File impiegato.c

```c
// impiegato.c

#include "impiegato.h"
#include <string.h>  // Include la libreria string.h per strncpy

// Definizione delle funzioni
Impiegato* crea_array_impiegati(int size) {
    return malloc(sizeof(Impiegato) * size);
```

```c
}
void imposta_dati_impiegato(Impiegato* impiegati, int index, int id, const char*
name, double salary) {
    impiegati[index].id = id;
    strncpy(impiegati[index].name, name, 99);
    impiegati[index].name[99] = '\0';   // Garantire terminazione con null
    impiegati[index].salary = salary;
}

double calcola_media_stipendi(Impiegato* impiegati, int size) {
    double total = 0.0;
    for (int i = 0; i < size; i++) {
        total += impiegati[i].salary;
    }
    return size > 0 ? total / size : 0.0;
}

void libera_impiegati(Impiegato* impiegati) {
    free(impiegati);
}
```

Dopo aver compilato il codice in una libreria condivisa (Windows: gcc -shared -o impiegato.dll impiegato.c), puoi utilizzarlo all'interno del tuo codice Python. Ecco una possibile applicazione:

- File main.py

```python
from cffi import FFI
ffi = FFI()

ffi.cdef("""
typedef struct {
    int id;
    char name[100];
    double salary;
} Impiegato;

Impiegato* crea_array_impiegati(int size);
void imposta_dati_impiegato(Impiegato* impiegati, int index, int id, const char*
name, double salary);
double calcola_media_stipendi(Impiegato* impiegati, int size);
void libera_impiegati(Impiegato* impiegati);
""")

try:
    lib = ffi.dlopen("./impiegato.dll")

    def aggiungi_impiegato(impiegati, index, id, name, salary):
```

```python
            lib.imposta_dati_impiegato(impiegati, index, id, name.encode('utf-8'),
salary)

    def media_stipendi(impiegati, size):
        return lib.calcola_media_stipendi(impiegati, size)

    # Creazione di un array di impiegati
    numero_impiegati = 3
    impiegati = lib.crea_array_impiegati(numero_impiegati)

    # Aggiunta di dati degli impiegati
    aggiungi_impiegato(impiegati, 0, 1, "Alice", 50000)
    aggiungi_impiegato(impiegati, 1, 2, "Bob", 60000)
    aggiungi_impiegato(impiegati, 2, 3, "Charlie", 70000)

    # Calcolo della media degli stipendi
    media_stipendi = media_stipendi(impiegati, numero_impiegati)
    print("Media Stipendi:", media_stipendi)

    # Pulizia della memoria
    lib.libera_impiegati(impiegati)
except OSError as e:
    print(f'{e}')
```

L'output che si ottiene è:

```
> python .\main.py
Media Stipendi: 60000.0
```

CAPITOLO 7 - SWIG

Nel mondo dello sviluppo software, un approccio comune per creare sistemi complessi è l'utilizzo di un linguaggio di scripting per controllare un programma principale scritto in C o C++. Questo modello di programmazione è stato adottato in numerosi contesti per sfruttare al meglio le caratteristiche uniche di ciascun linguaggio. In questo capitolo esploreremo il concetto di SWIG acronimo di Simplified Wrapper and Interface Generator, una tecnologia che facilita l'integrazione tra linguaggi di alto livello (es: Python, Perl, Jave, Ruby etc) e codice scritto in C/C++. Ma prima di addentrarci nei dettagli di SWIG, è importante comprendere il contesto in cui questa tecnica è utilizzata e i vantaggi che offre.

Quando si utilizza un linguaggio di scripting per controllare un programma in C, si crea un sistema con una struttura particolare. In questo modello di programmazione, l'interprete del linguaggio di scripting gestisce il controllo ad alto livello, mentre la funzionalità di base del programma in C/C++ viene accessa tramite speciali "comandi" del linguaggio di scripting. Può sembrare complesso, ma in realtà è un'implementazione avanzata di un concetto familiare: se hai mai provato a creare il tuo interprete di comandi, troverai similitudini evidenti.

Un esempio familiare di questo approccio è rappresentato da pacchetti software come MATLAB: l'interprete esegue i comandi dell'utente e gli script, ma la maggior parte del lavoro 'pesante' è svolto in un linguaggio più basso, come C o Fortran. Questo modello a due linguaggi è potentissimo perché sfrutta i punti di forza di ciascun linguaggio: C/C++ eccelle nelle prestazioni e nelle attività di programmazione più complesse, mentre i linguaggi di scripting sono ideali per la prototipazione rapida, il debug interattivo, e molto altro.

Scopo e vantaggi di SWIG

SWIG si propone come uno strumento fondamentale per agevolare l'interfacciamento tra codice sorgente scritto in linguaggi nativi come C o C++ (in questo capitolo come oramai avrai capito, ci concentreremo solamente sul linguaggio C) e linguaggi di scripting o linguaggi ad alto livello. Questo consente di integrare agevolmente funzionalità e librerie esistenti, sviluppate in C, all'interno di applicazioni scritte in altri linguaggi.

I vantaggi derivanti dall'utilizzo di SWIG sono molteplici e tangibili:

- **Riutilizzo del codice esistente**: SWIG permette di sfruttare il codice sorgente già esistente in C senza la necessità di riscriverlo da zero in un altro linguaggio di programmazione. Questo porta a un risparmio di tempo e risorse considerevole, consentendo agli sviluppatori di concentrarsi sullo sviluppo di nuove funzionalità anziché sulla conversione di codice esistente.

- **Interoperabilità**: grazie a SWIG, è possibile integrare facilmente librerie esistenti scritte in C all'interno di applicazioni scritte in linguaggi di scripting o di alto livello. Questo permette alle diverse componenti del software di comunicare e cooperare in modo efficiente, senza compromettere le prestazioni o la stabilità del sistema.

- **Produttività**: SWIG automatizza gran parte del processo di creazione di wrapper, ovvero dei 'ponti' che collegano il codice scritto in C al linguaggio di scripting. Ciò riduce notevolmente la quantità di codice ripetitivo e il tempo necessario per integrare librerie esterne nei progetti, migliorando la produttività complessiva degli sviluppatori.

- **Flessibilità**: SWIG supporta un'ampia gamma di linguaggi di programmazione di scripting e di alto livello, rendendolo uno strumento flessibile adatto a una varietà di progetti e contesti di sviluppo. Questo permette di utilizzarlo in diversi ambienti di sviluppo, garantendo una maggiore flessibilità e adattabilità alle esigenze specifiche del progetto.

Come avviene la comunicazione tra un linguaggio di scripting e C?

Nel processo di comunicazione tra un linguaggio di scripting e C, siamo soliti incrociare due mondi differenti ma complementari. I linguaggi di scripting sono costruiti intorno a un parser che comprende come eseguire comandi e script. All'interno di questo parser, esiste un meccanismo per eseguire comandi e accedere alle variabili. Normalmente, ciò è utilizzato per implementare le funzionalità integrate del linguaggio; tuttavia, estendendo l'interprete, è spesso possibile aggiungere nuovi comandi e variabili.

Per effettuare questa estensione, molti linguaggi definiscono una speciale API per l'aggiunta di nuovi comandi. Inoltre, un'interfaccia speciale per funzioni esterne definisce come questi nuovi comandi si collegano all'interprete. Tipicamente, quando si aggiunge un nuovo comando a un interprete di scripting, è necessario svolgere due azioni: prima si deve scrivere una speciale "funzione wrapper" che funge da ponte tra l'interprete e la funzione C sottostante.

Un esempio pratico di questa procedura è la creazione di una funzione wrapper per una funzione C standard, come ad esempio la funzione fattoriale:

```
/**
 * @brief Calcola il fattoriale di un numero intero.
 *
 * Questa funzione calcola il fattoriale di un numero intero non negativo.
 * Gestisce anche i casi di input non valido e di overflow dell'intero.
 *
 * @param n L'intero per cui calcolare il fattoriale. Deve essere non negativo.
 * @param result Puntatore a un intero dove verrà memorizzato il risultato del calcolo.
 * @return Restituisce 0 in caso di successo, -1 in caso di errore.
 *
 * @retval 0 Il calcolo del fattoriale è avvenuto con successo.
 * @retval -1 Si è verificato un errore (errno è impostato su EINVAL per input non valido, ERANGE per overflow).
 *
 * @note Se n è negativo, la funzione imposta errno a EINVAL.
 * @note Se si verifica un overflow durante il calcolo, la funzione imposta errno a ERANGE.
```

```c
*/
int fact(int n, int *result) {
    // Verifica dell'input negativo
    if (n < 0) {
        errno = EINVAL; // Imposta errno a EINVAL per input non valido
        return -1;
    }

    // Inizializza il risultato
    unsigned long long factorial = 1;

    // Calcolo iterativo del fattoriale
    for (int i = 1; i <= n; ++i) {
        factorial *= i;
        // Controllo overflow
        if (factorial > INT_MAX) {
            errno = ERANGE; // Imposta errno a ERANGE per overflow
            return -1;
        }
    }

    // Imposta il risultato
    *result = (int)factorial;
    return 0;
}
```

Per rendere questa funzione accessibile da un linguaggio di scripting, come Python nel nostro caso, è necessario scrivere una speciale funzione wrapper che funga da ponte tra il linguaggio di scripting e la funzione C sottostante. Una funzione wrapper deve svolgere tre compiti fondamentali:

1. Raccogliere gli argomenti della funzione e assicurarsi che siano validi.
2. Chiamare la funzione C.
3. Convertire il valore restituito in una forma riconosciuta dal linguaggio di scripting.

Creare e utilizzare funzioni wrapper è essenziale per garantire una comunicazione fluida ed efficace tra il linguaggio di scripting e il codice C sottostante, permettendo un'integrazione armoniosa tra i due ambienti di programmazione.

Installazione di SWIG

In questa sezione sono fornite istruzioni passo passo su come scaricare e configurare correttamente SWIG, oltre a suggerimenti utili per verificare che l'installazione sia stata eseguita con successo.

Requisiti di Sistema

Prima di procedere con l'installazione di SWIG, è importante assicurarsi che il sistema soddisfi i requisiti minimi:

- **Sistema Operativo**: SWIG è compatibile con Windows, macOS e Linux.
- **Compilatore C/C++**: è necessario avere un compilatore C/C++ installato sul sistema.
- **Python**: se si prevede di utilizzare SWIG per creare wrapper per Python, è necessario avere Python installato. Altre versioni del linguaggio target devono essere installate a seconda delle esigenze (es. Java SDK, Ruby, Perl, etc.).
- **Memoria e Spazio su Disco**: i requisiti sono minimi, ma è importante avere abbastanza spazio su disco per installare il software e sufficiente memoria per eseguire i processi di compilazione.

Installazione su Windows

Scarica il pacchetto zip di swigwin dal sito web di SWIG

- Visita il sito web di SWIG e trova la sezione dedicata al download dei pacchetti per Windows (link: https://www.swig.org/download.html).
- Seleziona la versione più recente del pacchetto swigwin e scaricalo sul tuo computer.

Una volta completato il download, estrai il contenuto del file zip in una directory di tua scelta sul tuo sistema Windows.

Configurazione delle variabili di ambiente

Dopo aver estratto il contenuto del pacchetto swigwin, è necessario configurare le variabili di ambiente per consentire al sistema di riconoscere il percorso dell'eseguibile SWIG.

- Apri il pannello di controllo di Windows e cerca "Variabili di ambiente" nelle impostazioni di sistema.
- Seleziona "Modifica le variabili di ambiente del sistema" e clicca sul pulsante "Variabili d'ambiente".

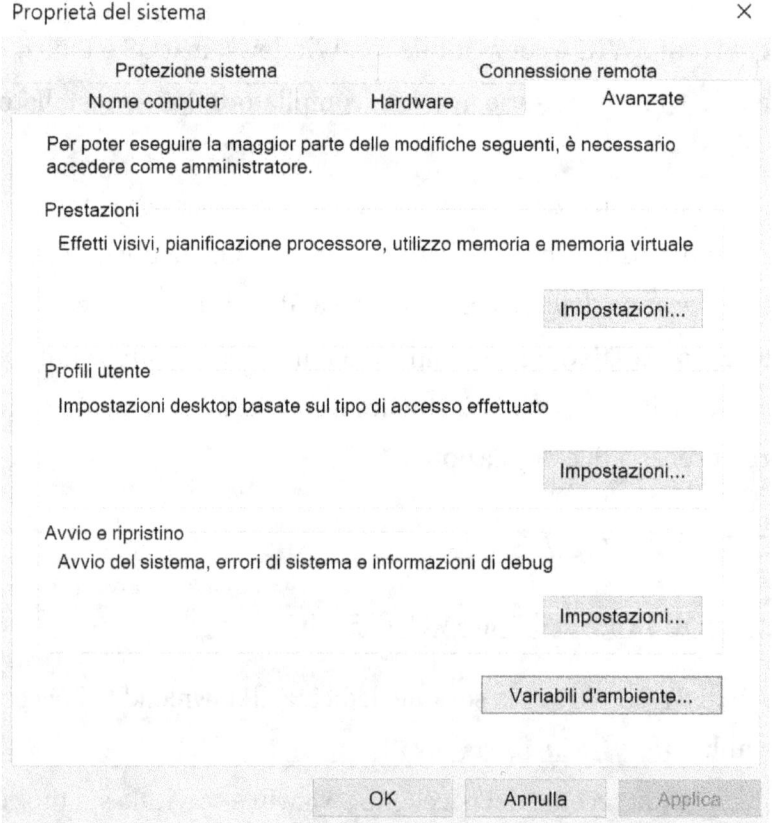

- Nella sezione "Variabili di sistema", trova la variabile "Path" e fai clic su "Modifica".

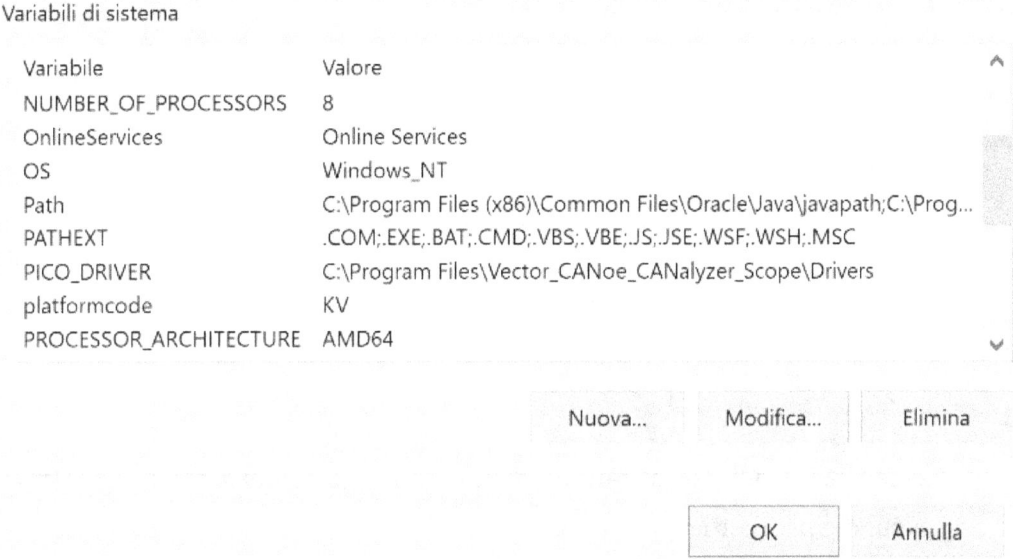

- Aggiungi il percorso della directory in cui hai estratto il pacchetto swigwin alla variabile "Path". Ad esempio, se hai estratto il pacchetto in C:\swigwin, aggiungi questo percorso alla variabile "Path".
- Fai clic su "OK" per confermare le modifiche e chiudi tutte le finestre di dialogo.
- Verifica che SWIG sia stato installato correttamente aprendo il prompt dei comandi (cmd) o windows powershell e digitando "swig -version". Dovresti vedere un output che indica la versione di SWIG installata sul tuo sistema.

```
PS > swig -version

SWIG Version 4.2.1

Compiled with i686-w64-mingw32-g++ [i686-w64-mingw32]

Configured options: +pcre

Please see https://www.swig.org for reporting bugs and further information
```

Installazione su Linux

In questa sezione, esploreremo il processo dettagliato per l'installazione di SWIG su sistemi Linux (ad esempio la distro Ubuntu).

- Aggiornamento del sistema:

  prima di procedere con l'installazione di SWIG, assicurati che il tuo sistema Ubuntu sia aggiornato eseguendo i seguenti comandi nel terminale:

  ```
  sudo apt update
  sudo apt upgrade
  ```

  Questi comandi garantiranno che il sistema sia aggiornato con le ultime versioni dei pacchetti disponibili.

- Installazione di SWIG:

  SWIG è disponibile nei repository ufficiali di Ubuntu, quindi può essere installato facilmente utilizzando il gestore di pacchetti apt. Esegui il seguente comando nel terminale per installare SWIG:

  ```
  sudo apt install swig
  ```

  Questo comando installerà SWIG insieme a tutte le dipendenze necessarie sul tuo sistema Ubuntu.

- Verifica dell'installazione:

  una volta completata l'installazione, puoi verificare che SWIG sia stato installato correttamente eseguendo il seguente comando nel terminale:

  ```
  swig -version
  ```

  Se SWIG è stato installato correttamente, dovresti vedere un output che indica la versione di SWIG installata sul tuo sistema, così come fatto per Windows.

Utilizzo di SWIG per la Creazione di Wrapper

La creazione di wrapper tramite SWIG segue un processo strutturato e metodico per garantire che le funzionalità scritte in C siano accessibili da altri linguaggi di programmazione. In questa sezione, verrà utilizzato il linguaggio C come linguaggio compilato e python come linguaggio target o destinazione.

Ecco una descrizione dettagliata di ciascun passaggio:

Preparazione del Codice C/C++

Prima di utilizzare SWIG, il codice sorgente C deve essere preparato con cura per assicurare la migliore integrazione possibile:

- **Pulizia e Organizzazione del Codice**: il codice deve essere libero da errori di compilazione e organizzato in modo logico. È essenziale che variabili, funzioni siano organizzate in modo coerente, e che il codice sia modulare per facilitarne la manutenzione e l'interfacciamento.
- **Documentazione**: commentare adeguatamente il codice è cruciale. Ogni funzione e classe dovrebbe avere commenti che spiegano cosa fa, quali parametri prende in input, cosa restituisce e qualsiasi effetto collaterale. Questo non solo aiuta durante la creazione del wrapper ma è anche vitale per chi dovrà utilizzare le funzionalità esposte attraverso i wrapper.
- **Preparazione delle API**: identificare chiaramente quali funzioni devono essere esposte al linguaggio target. Potrebbe essere necessario modificare l'API per esporre solo le parti necessarie, mascherando quelle che non devono essere accessibili direttamente.

Scrittura del File di Interfaccia SWIG

Il file di interfaccia SWIG (estensione .i) costituisce il ponte tra il codice C e il linguaggio target:

- **Definizione delle interfacce**: nel file .i, specificare quali funzioni del codice C devono essere esposte. Si possono includere anche direttive speciali per gestire tipi di dati particolari, come strutture o puntatori.
- **Direttive e macro SWIG**: utilizzare le macro e le direttive di SWIG per risolvere problemi specifici come la gestione della memoria, l'overloading di funzioni, e la conversione di tipi. Le direttive come %include e %extend sono comunemente utilizzate per includere file di intestazione C.

Esecuzione di SWIG

Dopo aver preparato il file di interfaccia, si procede con l'esecuzione di SWIG:

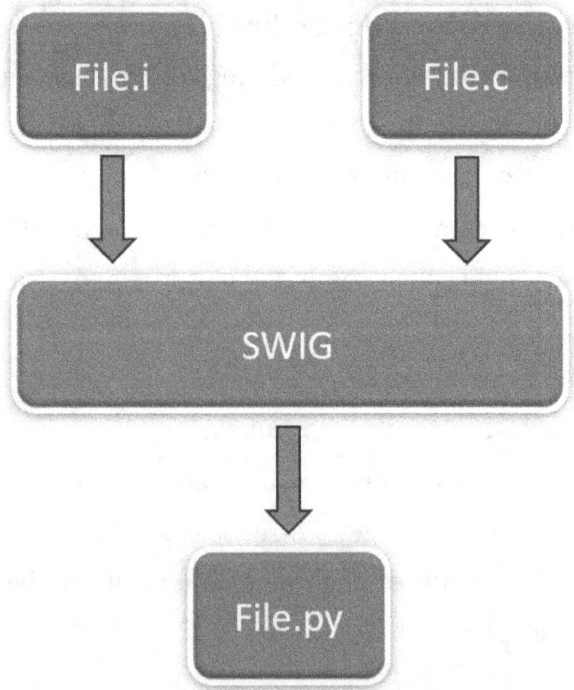

- **Generazione del codice**: eseguire SWIG dalla linea di comando con opzioni specifiche per il linguaggio target. Per esempio, swig -python esempio.i genera i wrapper necessari per utilizzare le funzioni C in Python.

- **Output di SWIG**: SWIG crea diversi file di output, inclusi i file sorgente del wrapper che contengono il codice necessario per interfacciare il codice nativo con il linguaggio target.

Compilazione

I file generati da SWIG vanno compilati insieme al codice sorgente originale:

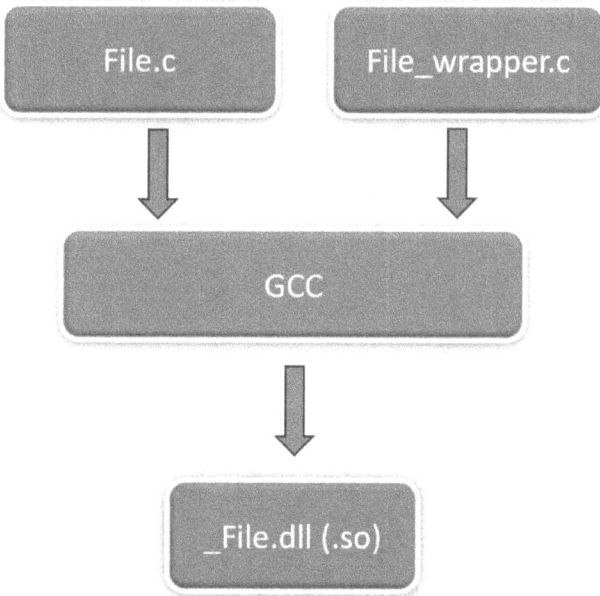

- **Setup del compilatore**: configurare il compilatore per includere i percorsi corretti agli header file e alle librerie necessarie.
- **Creazione della libreria**: compilare i sorgenti per creare una libreria dinamica (es. .dll o .so) che può essere caricata dal linguaggio target (rinomina il file .dll o .so in .pyd per poter essere importato all'interno di uno script python).

Integrazione e Testing

L'ultimo passaggio è l'integrazione e il testing della libreria:

- **Integrazione**: importare e utilizzare la libreria nel linguaggio target. Assicurarsi che sia accessibile e che funzioni come previsto.
- **Testing approfondito**: testare tutte le funzionalità esposte per garantire che operino correttamente nel nuovo ambiente. I test dovrebbero coprire scenari d'uso comuni così come casi limite.

Questi passaggi dettagliati non solo assicurano un uso efficace di SWIG nella creazione di wrapper ma aiutano anche a garantire che l'integrazione del codice C in altri linguaggi sia robusta e affidabile.

Struttura di un File .i

L'obiettivo di questa sezione non è fornire una spiegazione esaustiva e completa di come è strutturato un file .i, bensì fornire gli elementi base per poter comprendere gli esempi che verranno mostrati in seguito. Per ulteriori dettagli si rimanda alla documentazione ufficiale di SWIG.

Commenti SWIG

I file .i supportano i commenti in stile C. È una pratica comune utilizzare i commenti per spiegare parti del codice, specialmente quando si includono dichiarazioni di funzioni complesse o si definiscono macro.

```
// Commento in stile C++
/* Commento in stile C */
```

Direttive principali per SWIG

Le direttive SWIG iniziano con il simbolo %. Queste sono istruzioni speciali che dicono a SWIG cosa fare con i componenti C durante la generazione dei wrapper.

Le direttive principali utilizzate in un file di interfaccia SWIG (.i) includono:

- %module: specifica il nome del modulo Python generato da SWIG.

- %include: include un file di intestazione (.h) all'interno del file di interfaccia SWIG.
- %mutable: viene utilizzata per indicare che una variabile globale o un parametro di funzione può essere modificato all'interno di Python. Quando si applica la direttiva mutable a una variabile, il wrapper generato da SWIG fornisce un'interfaccia Python che consente di modificare il valore della variabile.
- %immutable: la direttiva immutable, al contrario, viene utilizzata per indicare che una variabile globale o un parametro di funzione non può essere modificato all'interno di Python. Il wrapper generato da SWIG fornisce un'interfaccia Python che consente solo di leggere il valore della variabile, ma non di modificarlo.

Direttive all'interno di %{ %}

Quando includi codice C tra %{ %}, SWIG lo considera come codice C puro e lo tratta di conseguenza. Le direttive di precompilazione, le dichiarazioni di variabili e le definizioni di funzioni incluse tra %{ %} saranno direttamente accessibili nel wrapper Python generato.

Direttive all'esterno di %{ %}

Quando includi codice C al di fuori di %{ %}, SWIG lo tratta come codice di interfaccia e lo analizza in modo specifico per generare il wrapper Python. Ciò significa che dovresti includere solo dichiarazioni di funzioni, variabili globali, strutture, tipi enumerativi e altri elementi che desideri rendere accessibili a Python.

Utilizzo delle direttive %inline

La direttiva %inline può essere utilizzata all'interno di %{ %} per dichiarare che una funzione, o una variabile dovrebbero essere generate direttamente nel file di interfaccia SWIG, piuttosto che in un file separato.

Utilizzo delle direttive %{ %} per includere dipendenze

Puoi utilizzare le direttive %{ %} per includere dipendenze o definizioni aggiuntive necessarie per la generazione del wrapper Python. Ad esempio, se il codice C fa riferimento a librerie esterne o definizioni di macro particolari, queste possono essere incluse tra %{ %}.

Esempio

```c
/* File: esempio.h
 * @brief File di intestazione per il programma di esempio in C
 */

#ifndef ESEMPIO_H
#define ESEMPIO_H

// Codice C o che viene trattato direttamente come codice C puro da SWIG
%{
    #include <stdio.h>
    #include <stdlib.h>
%}

// Dichiarazioni di funzioni, variabili globali, strutture, etc. che devono essere accessibili da Python
extern int somma(int a, int b);
extern void modifica_globale();

// Dichiarazione di macro, variabili globali costanti, strutture, tipi enumerativi, etc.
#define PI 3.14159
extern const int DIMENSIONE_MASSIMA;
extern int contatore_globale;
extern double valori_array[5];
extern char *stringa_di_esempio;

#endif /* ESEMPIO_H */
```

In questo esempio, %{ %} viene utilizzato per includere le intestazioni standard <stdio.h> e <stdlib.h>, mentre al di fuori di %{ %} sono definite le dichiarazioni di funzioni, variabili globali, macro, etc. che devono essere rese accessibili a Python tramite il wrapper generato da SWIG.

Buone Pratiche

Quando si utilizza SWIG per integrare codice C con Python, è importante seguire alcune buone pratiche per mantenere il codice chiaro, organizzato e facilmente manutenibile. Di seguito sono riportate alcune delle principali buone pratiche da tenere a mente:

- Organizzare le dichiarazioni nel file di intestazione (.h)
    - È pratica comune inserire nel file di intestazione tutte le dichiarazioni extern di variabili, le macro, i prototipi di funzione e altre dichiarazioni pertinenti.
    - Mantenere il file di intestazione pulito e concentrato sulle dichiarazioni che devono essere rese disponibili a Python tramite il wrapper generato da SWIG.
- Evitare definizioni nel file di interfaccia (.i)
    - Evitare di definire le variabili, le funzioni e altri elementi nel file di interfaccia SWIG (.i). Invece, includere il file di intestazione (.h) che contiene le dichiarazioni necessarie.
    - Questo aiuta a mantenere il file di interfaccia pulito e a concentrarsi solo sulla configurazione necessaria per generare il wrapper Python.
- Commentare in modo esaustivo
    - Assicurarsi di includere commenti esaustivi nel codice C e nel file di interfaccia SWIG. I commenti dovrebbero spiegare il funzionamento delle funzioni, le variabili e altri elementi del codice, nonché la loro interazione con Python.
- Mantenere il codice aggiornato
    - Mantenere il codice C e il wrapper Python generato da SWIG aggiornati e sincronizzati. Quando si apportano modifiche al codice sorgente, assicurarsi di rifletterle anche nel wrapper Python.
- Seguire le convenzioni di denominazione

o Seguire le convenzioni di denominazione standard per le variabili, le funzioni e altri elementi del codice. Questo rende il codice più coerente e più facile da leggere e comprendere.

Seguendo queste buone pratiche, è possibile integrare in modo efficace e efficiente codice C con Python utilizzando SWIG, garantendo una buona qualità del codice e una migliore esperienza di sviluppo.

Esempio preliminare - Fattoriale di un numero

In questo sezione, ci occuperemo di creare un'interfaccia Python per la funzione C che calcola il fattoriale di un numero (già vista in precedenza, ma qui vediamo un implementazione leggermente diversa) utilizzando SWIG.
Questa funzione è dichiarata nel file esempio.h, che contiene anche la descrizione Doxygen, utile per la generazione automatica di documentazione. L'implementazione è contenuta nel file esempio.c.

Esempio di codice C

- File esempio.h:

```
#ifndef ESEMPIO_H
#define ESEMPIO_H

/**
 * @file esempio.h
 * @brief Definizioni di funzioni per calcolo di fattoriale, modulo e ottenimento dell'orario corrente.
 */

/**
 * @brief Calcola il fattoriale di un numero intero.
 *
 * Questa funzione calcola il fattoriale di un numero intero non negativo n
 * utilizzando la ricorsione. Se n è 0 o 1, la funzione ritorna 1, altrimenti
 * ritorna n moltiplicato per il fattoriale di n-1.
 *
 * @param n Un numero intero non negativo di cui calcolare il fattoriale.
 * @return Il fattoriale del numero n.
```

```
 */
int fact(int n);

#endif //ESEMPIO_H
```

- File esempio.c:

```c
/* File: example.c */

/* Inclusione headers */
#include <limits.h>
#include "esempio.h"

int fact(int n) {
  if (n < 0) {
    return 0;
  }
  if (n == 0) {
    return 1;
  } else {
    /* test per overflow */
    int result = n;
    for (int i = n - 1; i > 1; --i) {
      if (result > INT_MAX / i) {
        /* overflow: ritorna un errore*/
        printf("Overflow error: INT_MAX = %d\n", INT_MAX);
        return -1;
      }
      result *= i;
    }
    return result;
  }
}
```

File di interfaccia SWIG

Dopo aver scritto il codice C di cui si vuole creare il wrapper, il prossimo passo sarà creare il file di interfaccia SWIG (esempio.i), che ci permetterà di generare i wrapper necessari per interagire con queste funzioni da Python. Questo file definirà come SWIG deve trattare le funzioni C per renderle accessibili in Python, gestendo tipi di dati e conversioni necessarie.

File esempio.i:

```
/* esempio.i */
%module esempio
%{
#include "esempio.h"
%}

extern int fact(int n);
```

Costruzione del wrapper

Dopo aver creato il file .i, puoi usare SWIG per generare i wrapper. Apri un terminale o un prompt dei comandi e naviga alla directory contenente i tuoi file. Poi esegui:

```
swig -python -o esempio_wrap.c esempio.i
```

L'opzione -o seguita da un percorso specifica il file di output per il codice sorgente generato. In questo caso, il file esempio_wrap.c sarà creato nella root del progetto. Assicurati che la directory esista o che il comando che esegue SWIG abbia i permessi per crearla.

Il comando sopra definito oltre a generare il file esempio_wrap.c genera un modulo Python wrapper chiamato esempio.py.

Come ultimo step, occorre rendere il modulo utilizzabile da Python: devi compilare il codice sorgente generato in una libreria condivisa.

Il metodo preferito per la creazione di un modulo per Python è quello di compilarlo utilizzando setuptools, che abbiamo già utilizzato nei capitoli precedenti.

Di seguito è riportato un esempio di file setup.py per l'esempio sopra menzionato:

```
#!/usr/bin/env python
"""
setup.py file per SWIG esempio
"""

from setuptools import setup, Extension
```

```
esempio_module = Extension(
    '_esempio',
    sources=['esempio_wrap.c', 'esempio.c'],
    include_dirs=[.]
)
setup(
    name='esempio',
    version='0.0.1',
    author="SWIG Docs",
    description="Simple swig example from docs",
    ext_modules=[esempio_module],
    py_modules=["esempio"],
)
```

In questo esempio, il modulo di estensione Python che verrà creato è denominato "esempio" e comprende il file di codice sorgente example.c e il file sorcente wrapper generato da swig, esempio_wrap.c. Il file **setup.py** contiene informazioni sul nome, la versione e la descrizione del pacchetto.

Una volta preparato il file setup.py, è possibile compilare e installare il modulo di estensione eseguendo il seguente comando dalla directory contenente il file setup.py:

```
python setup.py build
python setup.py install
```

Questi comandi compileranno il modulo di estensione e installeranno il pacchetto Python nella directory site-packages, rendendolo disponibile per l'utilizzo all'interno di altri progetti Python.

Nel caso volessi posizionare il modulo direttamente nella directory sorgente del progetto, invece di nella cartella predefinita di installazione, puoi utilizzare il seguente comando:

```
python setup.py build_ext --inplace
```

Questo comando è particolarmente utile durante lo sviluppo di estensioni Python, poiché permette di testare le modifiche più rapidamente.

Il nome del file .pyd che viene generato, in questo caso _esempio.cp312-win_amd64.pyd, contiene diverse informazioni che indicano la compatibilità e l'ambiente per cui il modulo è stato compilato. Vediamo di analizzarlo parte per parte:

- _esempio: questo è il nome base del modulo estensione. Il trattino basso (_) all'inizio è una convenzione comune per i moduli in C che sono tipicamente usati internamente da un modulo Python più ampio o per indicare che non sono destinati all'uso diretto tramite importazione Python.
- cp312: Questo indica la versione di Python per cui il modulo è stato compilato. In particolare, "cp" sta per CPython, che è l'implementazione standard di Python, e "312" indica la versione 3.12. Questo significa che il modulo è stato compilato per essere compatibile con Python 3.12.
- win_amd64: Questa parte indica il sistema operativo e l'architettura per cui il modulo è stato compilato. "win" sta per Windows, e "amd64" indica che il modulo è stato compilato per un'architettura a 64 bit (anche conosciuta come x86_64). Questo è importante perché i moduli compilati sono specifici per l'architettura e non possono essere usati su una piattaforma con un'architettura diversa (ad esempio, un modulo compilato per amd64 non funzionerà su una piattaforma arm64).

Perché queste informazioni sono incluse nel nome del file?
Le informazioni sono incluse nel nome del file per diverse ragioni:

- Compatibilità: assicura che il modulo sia usato con la versione corretta di Python e sulla piattaforma corretta. Python ha bisogno di questa informazione per decidere quale modulo caricare a runtime.
- Gestione delle dipendenze: in ambienti dove possono coesistere più versioni di Python o più architetture, avere i nomi dei file chiaramente definiti aiuta a gestire e risolvere le dipendenze senza conflitti.

- Semplificazione dello sviluppo e del deployment: facilita agli sviluppatori la comprensione e la gestione dei file generati durante la compilazione, soprattutto in ambienti complessi o in fase di debugging.

Nel caso si volesse disinstallare il modulo appena installato, il metodo più diretto e comune è utilizzare pip, il gestore di pacchetti Python. Anche se il modulo è stato installato in un modo leggermente diverso dal solito utilizzo di pip, in molti casi pip può comunque gestire la disinstallazione.
Quindi, apri un terminale o prompt dei comandi e digita il seguente comando per disinstallare il pacchetto:

```
pip uninstall esempio
```

In alternativa all'utilizzo del modulo setuptools di Python, puoi compilare manualmente il codice generato. Questa procedura può variare leggermente in base al sistema operativo, ma ecco un esempio per un sistema Windows usando gcc:

gcc -I%PYTHON_FOLDER%\include -shared esempio.c esempio_wrap.c -o _esempio.dll -L%PYTHON_FOLDER%\libs -lpythonxyz

Dove:

- PYTHON_FOLDER rappresenta la cartella di installazione dell'interprete python che stai utilizzando
- pythonxyz rappresenta il file binario dell'interprete python (esempio python312, che significa che stai usando la versione 3.12)

Nota: quando generi un'estensione Python su Windows usando SWIG, il file compilato viene creato con l'estensione .dll. Per utilizzarlo come modulo Python, è necessario rinominarlo con l'estensione .pyd, che è il formato riconosciuto da Python per le estensioni dinamiche su Windows.

Una volta che il modulo è compilato, puoi testarlo importandolo in uno script Python:

Per utilizzare un modulo compilato come _esempio.cp312-win_amd64.pyd in uno script Python, devi assicurarti di alcune cose per garantire che tutto funzioni correttamente. Ecco i passaggi da seguire:

1. Verifica la compatibilità di Python

Assicurati che la versione di Python in esecuzione sul tuo sistema sia compatibile con quella per cui il modulo è stato compilato. In questo caso, il modulo è stato compilato per Python 3.12 (cp312), quindi devi avere Python 3.12 installato sul tuo sistema.

2. Posizionamento del modulo

Il file .pyd deve essere posizionato in una directory dove Python può trovarlo. Hai alcune opzioni qui:

- Directory corrente: se lo script Python che userà il modulo si trova nella stessa directory del file .pyd, Python sarà in grado di trovarlo automaticamente.
- Directory nel PYTHONPATH: puoi mettere il file .pyd in una qualsiasi directory che sia elencata nel PYTHONPATH del tuo ambiente Python.
- Package directory: se il modulo fa parte di un package più grande, dovrebbe essere collocato nella directory del package.

Utilizzo del wrapper scritto in Python

Una volta che il file .pyd è nel posto giusto, puoi utilizzare il wrapper generato all'interno dei tuoi scripts. Vediamo un esempio di utilizzo.

```
import esempio
```

```
fattoriale = esempio.fact(400000000)
print(f'fattoriale: {fattoriale}\n')
```

Quando importi e utilizzi il modulo, assicurati di gestire eventuali eccezioni o errori che potrebbero essere sollevati, specialmente se il modulo esegue operazioni che dipendono dall'ambiente esterno o dalla configurazione del sistema.

Esempio Completo di Script

Ecco un esempio di script che mostra come potresti utilizzare il modulo esempio:

```
import esempio

num = 5

try:
    # Chiamata a una funzione dal modulo _esempio
    fattoriale = esempio.fact(num)
    print(f'fattoriale: {fattoriale}\n')

except OverflowError as e:
    print(f"OverflowError: {e}")

except TypeError as e:
    print(f"TypeError: {e}")

except Exception as e:
    print("Si è verificato un errore durante l'utilizzo del modulo:", e)
```

Questo script importa il modulo, esegue una funzione e gestisce eccezioni che potrebbero essere sollevate durante l'uso del modulo.

Vediamo possibile casi d'utilizzo:

- num = 5

  output: fattoriale: 120
- num = 5.3

  output: TypeError: in method 'fact', argument 1 of type 'int'
- num = 4000000000

- output: OverflowError: in method 'fact', argument 1 of type 'int'
- num = 5000
  output: Overflow error: INT_MAX = 2147483647
  fattoriale: -1

Esempio completo

Nella sezione precedente, abbiamo esplorato un esempio preliminare dell'integrazione di codice C con Python utilizzando SWIG, concentrandoci principalmente sull'utilizzo di una singola funzione. Tuttavia, per acquisire una comprensione più completa di come SWIG può essere utilizzato per integrare codice C complesso in Python, è essenziale esaminare tutti i principali costrutti del linguaggio C. In questo secondo esempio, ci immergeremo più a fondo nell'ecosistema C, esaminando vari aspetti come macro, strutture, enumerativi, variabili globali (costanti e non costanti), funzioni, puntatori e array.

Costruiremo un esempio di codice C suddiviso in file .c e .h, in cui implementeremo tutti questi costrutti del linguaggio. Successivamente, creeremo un'interfaccia SWIG nel file .i, che ci consentirà di generare un wrapper per Python. In questo modo, saremo in grado di vedere come SWIG può gestire non solo le singole funzioni, ma anche altri costrutti del linguaggio C, consentendo un'integrazione più completa e flessibile tra Python e il codice C sottostante.

Con questa panoramica, avremo una comprensione più approfondita delle capacità di SWIG e saremo in grado di utilizzare questa conoscenza per integrare con successo codice C complesso in progetti Python. Continua a leggere per esplorare l'esempio completo e imparare come generare un wrapper Python per un codice C ricco di funzionalità.

Esempio di codice C

Di seguito è riportato un esempio di codice in linguaggio C che illustra diversi costrutti del linguaggio, tra cui macro, variabili globali (costanti e non costanti), array, stringhe, funzioni e strutture. Questo codice è suddiviso in due file: esempio.c e esempio.h.

- File esempio.h

Il file di intestazione esempio.h definisce le macro, le variabili globali, i prototipi delle funzioni, le strutture e i tipi enumerativi utilizzati nel programma.

```c
/**
 * @file esempio.h
 * @brief File di intestazione per il programma di esempio in C
 */
#ifndef ESEMPIO_H
#define ESEMPIO_H

#include <stdio.h>
#include <stdlib.h>

/** Definizione della macro per PI */
#define PI 3.14159

/** Dichiarazione variabile globale costante */
extern const int DIMENSIONE_MASSIMA;

/** Dichiarazione variabile globale non costante*/
extern int contatore_globale;

/** Dichiarazione dell'array */
extern double valori_array[5];

/** Dichiarazione Stringa di esempio */
extern char *stringa_di_esempio;

/** Prototipi delle funzioni */
int somma(int a, int b);
void modifica_globale();
FILE *fopen(const char *filename, const char *mode);
int fputs(const char *, FILE *);
int fclose(FILE *);
int main();
```

```c
/** Definizione della struttura Persona */
typedef struct {
    int id;
    char *nome;
} Persona;

/** Definizione del Tipo enumerativo Colore */
typedef enum {
    ROSSO,
    BLU,
    VERDE
} Colore;

#endif /* ESEMPIO_H */
```

- File esempio.c

Il file di implementazione esempio.c contiene l'implementazione delle funzioni dichiarate nel file di intestazione. Ecco un riassunto delle principali implementazioni:

```c
/**
 * @file esempio.c
 * @brief Implementazione del programma di esempio in C
 */

#include "esempio.h"

/** Inizializzazione della variabile globale costante */
const int DIMENSIONE_MASSIMA = 100;

/** Inizializzazione della variabile globale */
int contatore_globale = 0;

/** Inizializzazione dell'array */
double valori_array[5] = {1.0, 2.0, 3.0, 4.0, 5.0};

/** Inizializzazione della stringa */
char *stringa_di_esempio = "Ciao, mondo!";

/**
 * @brief Somma due interi
 * @param a Interi a
 * @param b Interi b
```

```c
 * @return Somma di a e b
 */
int somma(int a, int b) {
    return a + b;
}

/**
 * @brief Modifica il contatore globale
 */
void modifica_globale() {
    contatore_globale++;
}

/** Funzione principale (entry point)*/
int main() {
    int intero_locale = 10;
    modifica_globale();
    int risultato_somma = somma(3,5);
    printf("risultato somma: %d", risultato_somma);

    return 0;
}
```

Questo esempio fornisce una panoramica dei principali costrutti del linguaggio C e mostra come possono essere utilizzati in un'applicazione pratica. Continua a leggere per vedere come integrare questo codice con Python utilizzando SWIG.

File di interfaccia SWIG

In questa sezione viene mostrato il file di interfaccia esempio.i.

```
/* File: esempio.i
 * @brief File di interfaccia SWIG per il programma di esempio in C
 */

%module esempio

%{
    #include "esempio.h"
%}

/* Inclusione del file di intestazione per il processamento */
%include "esempio.h"

/* Direttive per trattare gli array */
%include "carrays.i"
%array_class(double, doubleArray);   // Crea una classe di array per tipo double
```

Il file di interfaccia esempio.i, come avrai appreso, definisce le regole per l'interfacciamento tra il codice C e Python, consentendo l'accesso alle funzioni e ai dati definiti nel codice C all'interno di un ambiente Python.

- Configurazione del modulo:

%module esempio: specifica il nome del modulo Python generato da SWIG. Il modulo Python sarà denominato esempio.

- Inclusione del file di intestazione:

%include "esempio.h": include il file di intestazione esempio.h all'interno del file di interfaccia SWIG. Questo permette a SWIG di comprendere la struttura del codice C e generare correttamente il wrapper Python.

- Direttive per trattare gli array:
    - %include "carrays.i": include il file carrays.i, che fornisce supporto per l'interfacciamento di array tra C e Python.
    - %array_class(double, doubleArray): questa direttiva crea una classe di array per il tipo double, consentendo l'interfacciamento di array di tipo double tra il codice C e Python.

Questo file di interfaccia fornisce le istruzioni necessarie a SWIG per generare un wrapper Python per il codice C fornito, permettendo così l'accesso ai dati e alle funzioni definite nel codice C all'interno di uno script Python.

Costruzione del Wrapper

Dopo aver creato il file .i, puoi usare SWIG per generare i wrapper. Come mostrato nell'esempio precedente, apri un terminale o un prompt dei comandi e naviga alla directory contenente i tuoi file. Poi esegui:

```
swig -python -o esempio_wrap.c esempio.i
```

Come ultimo step, occorre rendere il modulo utilizzabile da Python, devi compilare il codice sorgente generato in una libreria condivisa. Utilizziamo il modulo python setuptools, i cui dettagli sull'utilizzo sono stati forniti in precedenza.

Di seguito è riportato un esempio di file setup.py per l'esempio sopra menzionato:

```python
#!/usr/bin/env python
"""
setup.py file per SWIG esempio
"""

from setuptools import setup, Extension

esempio_module = Extension(
    '_esempio',
    sources=['esempio_wrap.c', 'esempio.c'],
    include_dirs=['.']
)

setup(
    name='esempio',
    version='0.0.1',
    author="SWIG Docs",
    description="Simple swig example from docs",
    ext_modules=[esempio_module],
    py_modules=["esempio"],
)
```

Una volta preparato il file setup.py, è possibile compilare e installare il modulo di estensione eseguendo il seguente comando dalla directory contenente il file setup.py, utilizzando le opzioni per posizionare il modulo .pyd nella cartella del progetto.

```
python setup.py build_ext --inplace
```

Utilizzo del wrapper in uno script Python

Una volta che il file .pyd è nel posto giusto, puoi utilizzare il wrapper generato all'interno dei tuoi scripts. Vediamo un esempio di utilizzo.

```python
import esempio


# Accesso alla macro
print("PI:", esempio.PI)

# Accesso alle variabili globali
print("Contatore globale iniziale:", esempio.cvar.contatore_globale)
esempio.modifica_globale()
print("Contatore globale modificato:", esempio.cvar.contatore_globale)
# Accesso alla costante
print("DIMENSIONE MASSIMA:", esempio.DIMENSIONE_MASSIMA)


# Chiamata alla funzione
print("Somma di 5 + 3:", esempio.somma(5, 3))


# Lavorare con gli array
# Crea un'istanza dell'array
arr = esempio.doubleArray(5)   # Supponendo che ci siano 5 elementi
# Impostazione dei valori
for i in range(5):
    arr[i] = i * 2.0  # Imposta ogni elemento a un valore
# Ottieni i valori
for i in range(5):
    print(arr[i])  # Stampa ogni elemento dell'array


# Lavorare con le stringhe
print("Stringa di esempio:", esempio.cvar.stringa_di_esempio)


# Lavorare con le strutture: creazione e utilizzo
persona = esempio.Persona()
persona.id = 1
persona.nome = "Giovanni Rossi"
print("ID Persona:", persona.id, "Nome:", persona.nome)


# Lavorare con gli enumerativi
print("Colore ROSSO:", esempio.ROSSO)
print("Colore BLU:", esempio.BLU)
```

```
print("Colore VERDE:", esempio.VERDE)


# Lavorare con i puntatori
f = esempio.fopen("miofile.txt", 'w')
esempio.fputs("hello world\n", f)
esempio.fclose(f)


# Richiamare la funzione main
esempio.main()
```

In Python, le variabili globali definite in un modulo C e rese disponibili attraverso SWIG possono essere accedute utilizzando l'oggetto cvar. Questo oggetto fornisce un'interfaccia per accedere alle variabili globali definite nel codice C dallo spazio dei nomi Python.

L'output relativo all'esecuzione del codice sopra mostrato è:

```
PI: 3.14159
Contatore globale iniziale: 0
Contatore globale modificato: 1
DIMENSIONE MASSIMA: 100
Somma di 5 + 3: 8
0.0
2.0
4.0
6.0
8.0
Stringa di esempio: Ciao, mondo!
ID Persona: 1 Nome: Giovanni Rossi
Colore ROSSO: 0
Colore BLU: 1
Colore VERDE: 2
risultato somma: 8
```

CAPITOLO 8 – Progetto finale

Il progetto descritto in questo capitolo riguarda lo sviluppo di un sistema complesso per la gestione e l'analisi dei dati dei clienti utilizzando il linguaggio C e l'integrazione con Python. L'obiettivo principale è creare un'applicazione in grado di simulare la raccolta, l'elaborazione e la reportistica dei dati dei clienti di un'ipotetica azienda. Il progetto include anche la creazione di wrapper per Python usando cffi, ctypes e SWIG, rendendo il sistema accessibile da applicazioni Python.

Il progetto affronta diversi aspetti fondamentali della programmazione in C, come la gestione dinamica della memoria, l'uso delle strutture dati e le operazioni di input/output (I/O). Inoltre, esplora la creazione di moduli Python per estendere le funzionalità del linguaggio C, offrendo un esempio pratico e approfondito di integrazione tra linguaggi di programmazione.

Progettazione del Sistema

Architettura del sistema

Il sistema è strutturato in tre moduli principali:

- Modulo di Raccolta Dati:
    - Funzionalità: questo modulo è responsabile della simulazione della raccolta dei dati dei clienti. I dati vengono generati in modo casuale e aggiunti a un database in memoria.
    - Componenti: customer.c e customer.h: definiscono le strutture dei dati e le funzioni per creare, aggiungere e gestire i clienti nel database.
- Modulo di Elaborazione Dati:
    - Funzionalità: questo modulo esegue l'analisi dei dati raccolti, calcolando metriche come il totale delle vendite e l'acquisto medio.

- o Componenti: analysis.c e analysis.h: contengono le funzioni per calcolare il totale delle vendite e l'acquisto medio dei clienti.
- Modulo di Reportistica:
  - o Funzionalità: questo modulo genera un report dettagliato dei dati dei clienti, inclusi i totali e le medie calcolate.
  - o Componenti: report.c e report.h: forniscono le funzioni per generare e stampare il report dei dati dei clienti.

Software

Il progetto richiede l'installazione di diversi strumenti software per lo sviluppo e l'esecuzione del codice C e Python. Ecco le specifiche software necessarie:

- Compilatore C: MinGW (Minimalist GNU for Windows) o Visual Studio con supporto per MSVC (Microsoft Visual C++)
- Python: Versione 3.8 o successiva
- Librerie Python: cffi, ctypes, swig

Struttura del Progetto

Il progetto è organizzato in diverse directory per una gestione ordinata del codice sorgente e dei file generati:

- include/: contiene i file header (.h) con le dichiarazioni delle funzioni e delle strutture dati.
- src/: contiene i file sorgente (.c) con l'implementazione delle funzioni.
- autogen_src/: contiene i file sorgente generati automaticamente durante la compilazione (ad esempio, customer_ffi.c).
- lib/: contiene i file binari compilati, come i moduli .pyd per Python.
- scripts/: contiene gli script Python per l'interazione con il sistema C e la generazione dei wrapper.

Di seguito è riportata la struttura delle directory:

```
├── autogen_src
├── include
│   ├── customer.h
│   ├── analysis.h
│   └── report.h
├── lib
├── src
│   ├── customer.c
│   ├── analysis.c
│   └── report.c
├── scripts
    ├── ffi_build.py
    ├── customer_ffi.py
    ├── customer_ctypes.py
    ├── customer_swig.py
    └── test_customer.py
```

Questa organizzazione permette di mantenere separati i vari componenti del progetto, facilitando lo sviluppo, la manutenzione e l'espansione futura del sistema. Questa sezione dettagliata della progettazione fornisce una panoramica completa dell'architettura del sistema e delle specifiche tecniche necessarie per sviluppare e eseguire il progetto. Con queste informazioni, il lettore avrà una chiara comprensione dei componenti del sistema e delle risorse necessarie per replicare e comprendere il progetto.

File Sorgenti e Spiegazioni

- File: include/customer.h

```c
#ifndef CUSTOMER_H
#define CUSTOMER_H

/**
 * @brief Struttura che rappresenta i dati di un cliente.
 */
typedef struct {
    int id; ///< ID del cliente
    char name[100]; ///< Nome del cliente
    char email[100]; ///< Email del cliente
    double purchase_amount; ///< Importo dell'acquisto del cliente
} Customer;

/**
```

```c
 * @brief Struttura che rappresenta il database dei clienti.
 */
typedef struct {
    Customer *customers; ///< Array dinamico di clienti
    size_t size; ///< Numero di clienti attualmente nel database
    size_t capacity; ///< Capacità massima dell'array di clienti
} CustomerDatabase;

/**
 * @brief Crea un nuovo database di clienti.
 *
 * @param capacity Capacità iniziale del database.
 * @return Puntatore al nuovo database.
 */
CustomerDatabase* create_database(size_t capacity);

/**
 * @brief Aggiunge un cliente al database.
 *
 * @param db Puntatore al database.
 * @param customer Cliente da aggiungere.
 */
void add_customer(CustomerDatabase *db, Customer customer);

/**
 * @brief Ottiene un cliente dal database per ID.
 *
 * @param db Puntatore al database.
 * @param id ID del cliente da ottenere.
 * @return Cliente con l'ID specificato.
 */
Customer get_customer(CustomerDatabase *db, int id);

/**
 * @brief Libera la memoria allocata per il database.
 *
 * @param db Puntatore al database da liberare.
 */
void free_database(CustomerDatabase *db);

#endif // CUSTOMER_H
```

Spiegazione:

Il file customer.h contiene le dichiarazioni delle strutture dati e delle funzioni per la gestione dei clienti nel database. La struttura Customer rappresenta un singolo cliente, mentre CustomerDatabase rappresenta un database dinamico di clienti.

Le funzioni dichiarate permettono di creare un database, aggiungere clienti, ottenere i dettagli di un cliente per ID e liberare la memoria allocata per il database.

- File: src/customer.c

```c
#include "customer.h"
#include <stdio.h>
#include <stdlib.h>
#include <string.h>

/**
 * @brief Crea un nuovo database di clienti.
 *
 * @param capacity Capacità iniziale del database.
 * @return Puntatore al nuovo database.
 */
CustomerDatabase* create_database(size_t capacity) {
    CustomerDatabase *db = (CustomerDatabase*)malloc(sizeof(CustomerDatabase));
    db->customers = (Customer*)malloc(capacity * sizeof(Customer));
    db->size = 0;
    db->capacity = capacity;
    return db;
}

/**
 * @brief Aggiunge un cliente al database.
 *
 * @param db Puntatore al database.
 * @param customer Cliente da aggiungere.
 */
void add_customer(CustomerDatabase *db, Customer customer) {
    if (db->size >= db->capacity) {
        db->capacity *= 2;
        db->customers = (Customer*)realloc(db->customers, db->capacity * sizeof(Customer));
    }
    db->customers[db->size++] = customer;
}

/**
 * @brief Ottiene un cliente dal database per ID.
 *
 * @param db Puntatore al database.
 * @param id ID del cliente da ottenere.
 * @return Cliente con l'ID specificato.
 */
Customer get_customer(CustomerDatabase *db, int id) {
    for (size_t i = 0; i < db->size; i++) {
        if (db->customers[i].id == id) {
```

```c
            return db->customers[i];
        }
    }
    Customer empty = {0, "", "", 0.0};
    return empty;
}
/**
 * @brief Libera la memoria allocata per il database.
 *
 * @param db Puntatore al database da liberare.
 */
void free_database(CustomerDatabase *db) {
    free(db->customers);
    free(db);
}
```

Spiegazione:

Il file customer.c contiene l'implementazione delle funzioni dichiarate in customer.h. La funzione create_database alloca memoria per un nuovo database di clienti con una capacità iniziale specificata. La funzione add_customer aggiunge un nuovo cliente al database, espandendo la capacità se necessario. La funzione get_customer restituisce i dettagli di un cliente specificato per ID. La funzione free_database libera la memoria allocata per il database.

- File: include/analysis.h

```c
#ifndef ANALYSIS_H
#define ANALYSIS_H

#include "customer.h"

/**
 * @brief Calcola il totale delle vendite.
 *
 * @param db Puntatore al database dei clienti.
 * @return Totale delle vendite.
 */
double calculate_total_sales(CustomerDatabase *db);

/**
 * @brief Calcola l'acquisto medio.
 *
 * @param db Puntatore al database dei clienti.
```

```c
 * @return Acquisto medio.
 */
double calculate_average_purchase(CustomerDatabase *db);

#endif // ANALYSIS_H
```

Spiegazione:

Il file analysis.h contiene le dichiarazioni delle funzioni per l'analisi dei dati dei clienti. La funzione calculate_total_sales calcola il totale delle vendite nel database, mentre la funzione calculate_average_purchase calcola l'acquisto medio dei clienti.

- File: src/analysis.c

```c
#include "analysis.h"
#include <stdio.h>

/**
 * @brief Calcola il totale delle vendite.
 *
 * @param db Puntatore al database dei clienti.
 * @return Totale delle vendite.
 */
double calculate_total_sales(CustomerDatabase *db) {
    double total = 0.0;
    for (size_t i = 0; i < db->size; i++) {
        total += db->customers[i].purchase_amount;
    }
    return total;
}

/**
 * @brief Calcola l'acquisto medio.
 *
 * @param db Puntatore al database dei clienti.
 * @return Acquisto medio.
 */
double calculate_average_purchase(CustomerDatabase *db) {
    if (db->size == 0) return 0.0;
    return calculate_total_sales(db) / db->size;
}
```

Spiegazione:

Il file analysis.c contiene l'implementazione delle funzioni dichiarate in analysis.h.
La funzione calculate_total_sales itera attraverso tutti i clienti nel database e somma i loro importi di acquisto per calcolare il totale delle vendite.
La funzione calculate_average_purchase calcola l'acquisto medio dividendo il totale delle vendite per il numero di clienti nel database.

File: include/report.h

```c
#ifndef REPORT_H
#define REPORT_H

#include "customer.h"
#include "analysis.h"

/**
 * @brief Genera un report dei clienti.
 *
 * @param db Puntatore al database dei clienti.
 */
void generate_report(CustomerDatabase *db);

#endif // REPORT_H
```

Spiegazione:

Il file report.h contiene la dichiarazione della funzione per la generazione di un report dettagliato dei dati dei clienti. La funzione generate_report utilizza le funzioni di analisi per calcolare le metriche dei clienti e stampa i risultati.

- File: src/report.c

```c
#include "report.h"
#include <stdio.h>

/**
 * @brief Genera un report dei clienti.
 *
 * @param db Puntatore al database dei clienti.
 */
void generate_report(CustomerDatabase *db) {
    printf("Report dei Clienti\n");
    printf("==================\n");
```

```c
    for (size_t i = 0; i < db->size; i++) {
        printf("ID: %d, Nome: %s, Email: %s, Acquisto: %.2f\n",
            db->customers[i].id,
            db->customers[i].name,
            db->customers[i].email,
            db->customers[i].purchase_amount);
    }
    printf("================\n");
    printf("Totale delle Vendite: %.2f\n", calculate_total_sales(db));
    printf("Acquisto Medio: %.2f\n", calculate_average_purchase(db));
}
```

Spiegazione:

Il file report.c contiene l'implementazione della funzione dichiarata in report.h. La funzione generate_report stampa un report dettagliato dei clienti nel database, inclusi ID, nome, email e importo di acquisto. Inoltre, calcola e stampa il totale delle vendite e l'acquisto medio utilizzando le funzioni di analisi.

Script per la Generazione dei Wrapper - CFFI

- File: scripts/ffi_build.py

```python
from cffi import FFI
import os

# Crea le cartelle autogen_src e lib se non esistono
os.makedirs("autogen_src", exist_ok=True)
os.makedirs("lib", exist_ok=True)

ffi = FFI()

ffi.cdef("""
typedef struct {
    int id;
    char name[100];
    char email[100];
    double purchase_amount;
} Customer;

typedef struct {
    Customer *customers;
    size_t size;
    size_t capacity;
} CustomerDatabase;
```

```python
    CustomerDatabase* create_database(size_t capacity);
    void add_customer(CustomerDatabase *db, Customer customer);
    Customer get_customer(CustomerDatabase *db, int id);
    void free_database(CustomerDatabase *db);
    double calculate_total_sales(CustomerDatabase *db);
    double calculate_average_purchase(CustomerDatabase *db);
    void generate_report(CustomerDatabase *db);
""")

# Utilizza percorsi assoluti per le directory di inclusione e sorgenti
include_dir = os.path.abspath("include")
src_dir = os.path.abspath("src")
autogen_dir = os.path.abspath("autogen_src")

ffi.set_source("customer_ffi",  # nome del modulo C di output
"""
#include "customer.h"
#include "analysis.h"
#include "report.h"
""",
    sources=[os.path.join(src_dir, "customer.c"),
             os.path.join(src_dir, "analysis.c"),
             os.path.join(src_dir, "report.c")],  # include i file .c
    include_dirs=[include_dir],  # include directory header
    libraries=[]  # librerie con cui collegare
)

if __name__ == "__main__":
    # Salva la directory corrente
    original_dir = os.getcwd()

    try:
        # Cambia la directory di lavoro per generare il file .c in autogen_src
        os.chdir(autogen_dir)
        ffi.compile(verbose=True)

        # Sposta il file .pyd generato nella cartella lib
        pyd_file = [f for f in os.listdir() if f.endswith('.pyd')][0]
        os.rename(pyd_file, os.path.join(original_dir, "lib", pyd_file))
    finally:
        # Ripristina la directory di lavoro originale
        os.chdir(original_dir)
```

Spiegazione:

Il file ffi_build.py utilizza la libreria cffi per generare i wrapper Python per le funzioni e le strutture dati definite nei file C. Questo script crea le directory necessarie, configura cffi con le definizioni delle funzioni e delle strutture, e compila il modulo C, spostando infine il file .pyd generato nella cartella lib.

- File: scripts/ffi_build.py

```python
import sys
import os

# Aggiungi la cartella lib al percorso di ricerca dei moduli
sys.path.insert(0, os.path.abspath("lib"))

from customer_ffi import ffi, lib

def create_database(capacity):
    return lib.create_database(capacity)

def add_customer(db, customer):
    c = ffi.new("Customer *")
    c.id = customer['id']
    c.name = customer['name'].encode('utf-8')
    c.email = customer['email'].encode('utf-8')
    c.purchase_amount = customer['purchase_amount']
    lib.add_customer(db, c[0])

def get_customer(db, id):
    c = lib.get_customer(db, id)
    return {
        "id": c.id,
        "name": ffi.string(c.name).decode('utf-8'),
        "email": ffi.string(c.email).decode('utf-8'),
        "purchase_amount": c.purchase_amount
    }

def free_database(db):
    lib.free_database(db)

def calculate_total_sales(db):
    return lib.calculate_total_sales(db)

def calculate_average_purchase(db):
    return lib.calculate_average_purchase(db)

def generate_report(db):
    lib.generate_report(db)

if __name__ == "__main__":
    db = create_database(10)
    customer = {"id": 1, "name": "Alice", "email": "alice@example.com", "purchase_amount": 250.0}
```

```
    add_customer(db, customer)
    print(get_customer(db, 1))
    print("Total Sales:", calculate_total_sales(db))
    print("Average Purchase:", calculate_average_purchase(db))
    generate_report(db)
    free_database(db)
```

Spiegazione:

Il file customer_ffi.py contiene funzioni wrapper che consentono di utilizzare le funzionalità del sistema C direttamente da Python. Utilizzando cffi, queste funzioni permettono di creare un database, aggiungere clienti, ottenere i dettagli di un cliente, calcolare il totale delle vendite e l'acquisto medio, generare report e liberare la memoria del database. Lo script può essere eseguito per testare queste funzionalità.

L'output dello script è il seguente:

```
{'id': 1, 'name': 'Alice', 'email': 'alice@example.com', 'purchase_amount':
250.0}
Total Sales: 250.0
Average Purchase: 250.0
Report dei Clienti
================
ID: 1, Nome: Alice, Email: alice@example.com, Acquisto: 250.00
================
Totale delle Vendite: 250.00
Acquisto Medio: 250.00
```

Script per la Generazione dei Wrapper - CTYPES

Creazione della DLL

Per creare una DLL(.so) dal codice C, dobbiamo utilizzare MinGW e il file di definizione .def. Assicurati di avere il file customer.def nella directory utils.

- File: utils/customer.def

```
EXPORTS
    create_database
    add_customer
    get_customer
    free_database
    calculate_total_sales
    calculate_average_purchase
    generate_report
```

Creazione della libreria dinamica:

```
gcc -shared -o customer.dll src/customer.c src/analysis.c src/report.c -Iinclude
-Wl,--output-def,utils/customer.def
```

Una volta generata la DLL (.so), possiamo utilizzarla in Python tramite la libreria ctypes.

- File: scripts/customer_ctypes.py

Il seguente script Python utilizza ctypes per interfacciarsi con la libreria generata:

```python
import ctypes
import os

# Definisce il percorso alla libreria condivisa compilata
lib_path = os.path.abspath(os.path.join(os.path.dirname(__file__), "../cus-
tomer.dll"))

# Tenta di caricare la libreria condivisa utilizzando ctypes
try:
    lib = ctypes.CDLL(lib_path)
except OSError as e:
    raise RuntimeError(f"Impossibile caricare la libreria '{lib_path}': {e}")

# Definisce la struttura Customer in ctypes
class Customer(ctypes.Structure):
    _fields_ = [
        ("id", ctypes.c_int),
        ("name", ctypes.c_char * 100),
        ("email", ctypes.c_char * 100),
        ("purchase_amount", ctypes.c_double)
    ]

# Definisce la struttura CustomerDatabase in ctypes
class CustomerDatabase(ctypes.Structure):
    _fields_ = [
        ("customers", ctypes.POINTER(Customer)),
```

```python
            ("size", ctypes.c_size_t),
            ("capacity", ctypes.c_size_t)
        ]

# Configura i tipi di argomenti e il valore di ritorno delle funzioni C
try:
    lib.create_database.argtypes = [ctypes.c_size_t]
    lib.create_database.restype = ctypes.POINTER(CustomerDatabase)
    lib.add_customer.argtypes = [ctypes.POINTER(CustomerDatabase), Customer]
    lib.get_customer.argtypes = [ctypes.POINTER(CustomerDatabase), ctypes.c_int]
    lib.get_customer.restype = Customer
    lib.free_database.argtypes = [ctypes.POINTER(CustomerDatabase)]
    lib.calculate_total_sales.argtypes = [ctypes.POINTER(CustomerDatabase)]
    lib.calculate_total_sales.restype = ctypes.c_double
    lib.calculate_average_purchase.argtypes = [ctypes.POINTER(CustomerDatabase)]
    lib.calculate_average_purchase.restype = ctypes.c_double
    lib.generate_report.argtypes = [ctypes.POINTER(CustomerDatabase)]
except AttributeError as e:
    raise RuntimeError(f"Errore nella configurazione delle funzioni della libreria: {e}")

# Wrapper per le funzioni del database clienti
def create_database(capacity):
    try:
        return lib.create_database(capacity)
    except Exception as e:
        raise RuntimeError(f"Errore nella creazione del database: {e}")

def add_customer(db, customer_dict):
    try:
        customer = Customer(
            id=customer_dict["id"],
            name=customer_dict["name"].encode('utf-8'),
            email=customer_dict["email"].encode('utf-8'),
            purchase_amount=customer_dict["purchase_amount"]
        )
        lib.add_customer(db, customer)
    except Exception as e:
        raise RuntimeError(f"Errore nell'aggiunta del cliente: {e}")

def get_customer(db, id):
    try:
        customer = lib.get_customer(db, id)
        return {
            "id": customer.id,
            "name": customer.name.decode('utf-8'),
            "email": customer.email.decode('utf-8'),
            "purchase_amount": customer.purchase_amount
        }
    except Exception as e:
        raise RuntimeError(f"Errore nel recupero del cliente: {e}")
```

```python
def free_database(db):
    try:
        lib.free_database(db)
    except Exception as e:
        raise RuntimeError(f"Errore nella liberazione del database: {e}")

def calculate_total_sales(db):
    try:
        return lib.calculate_total_sales(db)
    except Exception as e:
        raise RuntimeError(f"Errore nel calcolo del totale delle vendite: {e}")

def calculate_average_purchase(db):
    try:
        return lib.calculate_average_purchase(db)
    except Exception as e:
        raise RuntimeError(f"Errore nel calcolo dell'acquisto medio: {e}")

def generate_report(db):
    try:
        lib.generate_report(db)
    except Exception as e:
        raise RuntimeError(f"Errore nella generazione del report: {e}")

if __name__ == "__main__":
    try:
        db = create_database(10)
        customer = {"id": 1, "name": "Alice", "email": "alice@example.com", "purchase_amount": 250.0}
        add_customer(db, customer)
        print(get_customer(db, 1))
        print("Total Sales:", calculate_total_sales(db))
        print("Average Purchase:", calculate_average_purchase(db))
        generate_report(db)
        free_database(db)
    except Exception as e:
        print(f"Errore durante l'esecuzione del programma: {e}")
```

Spiegazione:

Innanzitutto, il percorso della libreria condivisa (DLL) viene definito utilizzando il modulo os per ottenere il percorso assoluto del file customer.dll. Successivamente, si tenta di caricare la libreria utilizzando ctypes.CDLL. Se si verifica un errore durante il caricamento della libreria, come ad esempio se il file non viene trovato, viene sollevata un'eccezione OSError. In questo caso, un messaggio di errore dettagliato viene visualizzato utilizzando una RuntimeError.

Dopo aver caricato correttamente la libreria, il codice configura i tipi di argomenti e i valori di ritorno delle funzioni della libreria. Questa configurazione è avvolta in un blocco try-except che cattura eventuali AttributeError che possono verificarsi se una delle funzioni non è presente nella libreria. Anche in questo caso, viene sollevata una RuntimeError con un messaggio descrittivo per aiutare nel debugging.

Le funzioni wrapper Python (create_database, add_customer, get_customer, free_database, calculate_total_sales, calculate_average_purchase e generate_report) sono progettate per interfacciarsi con le funzioni C della libreria. Ogni funzione wrapper è avvolta in un blocco try-except per catturare eventuali eccezioni che possono verificarsi durante l'esecuzione delle chiamate alle funzioni della libreria. Se si verifica un'eccezione, viene sollevata una RuntimeError con un messaggio che descrive l'errore specifico, rendendo più facile individuare e risolvere i problemi.

Infine, il blocco principale del codice, quello eseguito quando lo script viene eseguito direttamente, è anch'esso avvolto in un blocco try-except. Questo blocco cattura tutte le eccezioni non gestite che possono verificarsi durante la creazione del database, l'aggiunta di un cliente, il recupero dei dettagli di un cliente, il calcolo delle vendite totali e dell'acquisto medio, la generazione del report e la liberazione della memoria del database. Se si verifica un'eccezione in questa parte del codice, viene stampato un messaggio di errore dettagliato che descrive il problema.

L'output che si ottiene eseguendo lo script è il seguente:

```
{'id': 1, 'name': 'Alice', 'email': 'alice@example.com', 'purchase_amount': 250.0}
Total Sales: 250.0
Average Purchase: 250.0
Report dei Clienti
================
ID: 1, Nome: Alice, Email: alice@example.com, Acquisto: 250.00
================
Totale delle Vendite: 250.00
Acquisto Medio: 250.00
```

Script per la Generazione dei Wrapper - SWIG

Creazione del File di Interfaccia SWIG

Il file di interfaccia SWIG (customer.i) descrive le funzioni e le strutture che devono essere esposte a Python. Crea questo file nella cartella utils.

File: utils/customer.i

```
/* File di interfaccia SWIG */
%module customer_swig

%{
#include "customer.h"
#include "analysis.h"
#include "report.h"
%}

/* Dichiarazioni delle funzioni e strutture */
%include "customer.h"
%include "analysis.h"
%include "report.h"
```

Compilazione

Per prima cosa, esegui SWIG per generare i file wrapper per Python:

```
swig -python -outdir scripts -o autogen_src/customer_swig.c -Iinclude utils/customer.i
```

Dopodichè compila i file sorgenti e genera la libreria utilizzando il seguente file:

File: scripts/swig_build.py

```
from setuptools import setup, Extension
import os

# Percorso alla directory principale del progetto (un livello sopra il file setup.py)
project_dir = os.path.abspath(os.path.join(os.path.dirname(__file__), '..'))

# Percorso ai file di inclusione e sorgente
```

```python
include_dir = os.path.join(project_dir, 'include')
src_dir = os.path.join(project_dir, 'src')
autogen_src_dir = os.path.join(project_dir, 'autogen_src')
lib_dir = os.path.join(project_dir, 'lib')

# Assicurati che la cartella lib esista
os.makedirs(lib_dir, exist_ok=True)
print(os.path.join(src_dir, 'customer.c'))
print(os.path.join(autogen_src_dir, 'customer_wrap.c'))
# Definizione del modulo SWIG
customer_module = Extension(
    '_customer_swig',
    sources=[
        os.path.join(src_dir, 'customer.c'),
        os.path.join(src_dir, 'analysis.c'),
        os.path.join(src_dir, 'report.c'),
        os.path.join(autogen_src_dir, 'customer_wrap.c')
    ],
    include_dirs=[include_dir],
    libraries=[],
    library_dirs=[]
)

# Configurazione del setup
setup(
    name='customer_swig',
    version='1.0',
    author='Autore',
    description='Modulo Python per la gestione dei clienti',
    ext_modules=[customer_module],
    py_modules=['customer_swig'],
    script_args=['build_ext', '--build-lib', lib_dir]
)
```

Se l'esecuzione dello script ha successo, è possibile utilizzare la libreria generata all'interno di uno script Python, che può essere cosi definito:

File: scripts/customer_swig_usage.py

```python
import sys
import os
import ctypes

# Aggiungi la directory lib al percorso di ricerca dei moduli
lib_dir = os.path.abspath(os.path.join(os.path.dirname(__file__), '..', 'lib'))
print(lib_dir)
sys.path.insert(0, lib_dir)
```

```python
import customer_swig as customer

def create_database(capacity):
    return customer.create_database(capacity)

def add_customer(db, customer_dict):
    customer_obj = customer.Customer()
    customer_obj.id = customer_dict["id"]

    # Utilizza ctypes per copiare la stringa nell'array di caratteri
    name_encoded = customer_dict["name"].encode('utf-8')
    email_encoded = customer_dict["email"].encode('utf-8')
    ctypes.memmove(customer_obj.name, name_encoded, min(len(name_encoded), 100))
    ctypes.memmove(customer_obj.email, email_encoded, min(len(email_encoded), 100))

    customer_obj.purchase_amount = customer_dict["purchase_amount"]
    customer.add_customer(db, customer_obj)

def get_customer(db, id):
    customer_obj = customer.get_customer(db, id)
    return {
        "id": customer_obj.id,
        "name": customer_obj.name,  # Nessuna decodifica necessaria
        "email": customer_obj.email,  # Nessuna decodifica necessaria
        "purchase_amount": customer_obj.purchase_amount
    }

def free_database(db):
    customer.free_database(db)

def calculate_total_sales(db):
    return customer.calculate_total_sales(db)

def calculate_average_purchase(db):
    return customer.calculate_average_purchase(db)

def generate_report(db):
    customer.generate_report(db)

if __name__ == "__main__":
    db = create_database(10)
    customer_info = {"id": 1, "name": "Alice", "email": "alice@example.com", "purchase_amount": 250.0}
    add_customer(db, customer_info)
    print(get_customer(db, 1))
    print("Total Sales:", calculate_total_sales(db))
    print("Average Purchase:", calculate_average_purchase(db))
    generate_report(db)
    free_database(db)
```

L'output che si ottiene eseguendolo, dopo essersi portato all'interno della cartella del progetto è il seguente :

```
> python .\scripts\customer_swig_usage.py
{'id': 1, 'name': '', 'email': '', 'purchase_amount': 250.0}
Total Sales: 250.0
Average Purchase: 250.0
Report dei Clienti
=================
ID: 1, Nome: , Email: , Acquisto: 250.00
=================
Totale delle Vendite: 250.00
Acquisto Medio: 250.00
```

Se pensi che questo libro ti sia piaciuto e ti abbia aiutato ti chiedo solo dedicare pochi secondi a lasciare una breve recensione su Amazon. Questo è un sostegno fondamentale per noi autori.

Grazie,

Cristian Tesconi

www.ingramcontent.com/pod-product-compliance
Lightning Source LLC
Chambersburg PA
CBHW082328220526
45470CB00008B/2439